友善環境的自然式修剪實務操作寶典

花木修剪
實用全書

2020 年
全新增訂版

善用「自然式修剪」讓花木更健康！景觀更美麗！

景觀專家&樹醫
李碧峰　著

目 錄 Contents

Part 2 HOW 如何修剪？…088

目 錄 Contents

Part 3 WHAT 10大類植栽修剪圖解…172

目 錄 Contents

善用「自然式修剪」讓樹木更健康！景觀更美麗！

自從2011年首度編輯出版《花木修剪基礎全書》，並在2016年再度增章改版，在這本著作面世推廣「自然式修剪」的近幾年，個人持續受到許多從事園藝景觀實務工作者、愛樹、護樹同好朋友們的喜愛與支持，並且給予這本書諸多的鼓勵與肯定！

自然式修剪最有利於花木的健康與美觀

近年來，公園綠地行道樹木的修剪課題，愈來愈受到大眾及各級政府機關單位的重視，因此在各地方也經常辦理修剪作業技術的推廣或職業的教育訓練、技術測驗認證、研習觀摩交流、規範修訂編制等活動，累計至今已經有5萬多人認識與了解這項技術了。

「自然式修剪」就是在修剪時應著重於樹木原生自然樹形的維持，並先採取「12不良枝」判定修剪、再採取「疏刪W」及「短截V」判定修剪；這樣就可以維持樹型的自然美觀及兼顧樹體構造器官組織的健康均佈，與正常的營養與生理生長。其中修剪下刀工法尤其重視：「自脊線BBR.到領環BC.（遇有領環組織應避開外移）下刀」，如此可有利於傷口的正常癒合，也能避免危害樹木的健康發展。

修剪可以促進開花滿滿

「自然式修剪」的重要性與好處，已經漸漸獲得大家的認同與善用！尤其是近年來，陸續在實務上，2015年讓前總統馬英九在總統府前所種植七年都不開花的30多株梅花，經過修剪示範研習後的那一年新春，終於開花了！2013年的阿里山森林遊樂區裡的櫻花開花不佳，經由工作人員使用正確的「12不良枝判定、疏刪W判定、短截V判定」修剪三部曲方式，在當年有修剪的櫻花就有開花，接著一年一年的讓櫻花逐漸恢復往日花季盛開的花況。阿里山國家風景區裡種了許多的紫藤與蒜香藤，經由阿管處的研習課程讓社區的民宿餐飲及製茶業者朋友們的協力修剪維護下，近年來的紫藤花是年年愈開愈多、花朵也開得愈長，逐漸形成計畫中的紫色浪漫山城風貌。

修剪可以提高結果的質量

各地農友也給我很多回饋。花蓮鶴岡的文旦柚年輕果農告訴我：透過這樣的修剪方式，文旦柚的品質增加了！在新竹芎林種植海梨柑的農友也說：經過自然式的修剪，讓他可以在品質評鑑競賽獲獎。台中梨山的水蜜桃及摩天嶺的甜柿栽培農友，也應用自然式修

剪，不僅讓果實品質提升了，並且發現在生產培育過程中的病蟲害也減少了，施肥及用藥都可以節省下來，可以有信心的朝向無毒農法有機農業的方向發展。台南北門農工的技工老師，以自然式修剪將多年結果不佳的芭樂實施「7-11短截」的「生理修剪」，那一年結果纍纍、甜味及脆度也提升很多，他高興的切了一盤分享給我。在南部的農業改良場裡示範修剪一直都不結果的西印度櫻桃，一個多月後分享：長得多到吃不完！

適當修剪讓都市行道樹景觀更美麗

行道樹的修剪也越來越進步。台中市區負責公園綠地及道路行道樹維護管理的業者，讓員工們學習及應用自然式修剪後，不僅讓樹木保有天生自然的美麗樹形，也能在颱風及季風時期維持了樹木的健康與人們生活的安全。高雄市的行道樹修剪維護承包廠商告訴我：因為自然式修剪可以讓樹木的採光與通風增加，所以草坪也長得比較茂盛、割草更容易了，也不會再光禿禿的被人指指點點了！台北市公園處的承辦人員也告訴我：在自然式修剪的維護管理下，近二十年來的台北市民，已經沒有人可以接受樹木被砍頭、截頂打梢、修剪得光凸凸的做法了！

正確修剪讓老樹更健康

一株株高大又粗壯而老邁的庭園樹木，在陽明山、南港、內湖、景美、新店、新莊、桃園、大溪、竹北等地的高級住宅社區中庭裡，經由熟悉自然式修剪的廠商朋友們透過正確的「自脊線BBR.到領環BC.（遇有領環組織應避開外移）下刀」，逐漸讓原本粗大撕裂的腐朽傷口能夠逐漸癒合，並且避免形成日後的「樹洞」而影響老樹的生命健康。

在新竹市的公園裡及台南市古蹟群中的受保護珍貴老樹，也運用自然式修剪讓樹木的樹冠層增加採光與通風，減少了病蟲害的滋生、減低風阻而避免風災的危害，更讓樹木有延長生命與永續生長的機會。

修剪可以恢復樹木的良好結構

在台中大里的百年老樟樹、淡水的苦楝老樹、蘆洲的老榕樹、林口世大運選手村的原生樹群，因為移植前不當的過度補償修剪，造成修剪後有大型傷口叢生不定芽而影響樹型結構不良與外觀不佳，後續正透過自然式修剪的「結構性修剪」及半年一次的「疏芽疏枝

整修」而逐漸造出新枝形成新的枝梢，正在逐步恢復健康與美麗中。

　　過去在許多城市的重要縣道公路、高速公路或交流道、科學園區、工業區及近期的中興新村裡的景觀行道樹，因為景觀維護廠商不懂得如何執行正確的樹木修剪，因此將樹木修得像電線桿一般，不僅破壞了樹木的健康與美觀，也傷害了政府與自身的形象與信譽；最終透過「自然式修剪」的正確工法應用，逐漸讓市容景觀得到令人滿意的境界。

修剪也是樹木的外科醫護

　　曾經為交通大學、台灣大學、工業技術研究院的杜鵑花，在花謝後一個月內實施「造型修剪」，隔年就能使園區內的杜鵑花盛開，並且配合花季活動繽紛登場。

　　我也常到台灣各地的鄰里社區、校園裡去教導爺爺奶奶、叔叔阿姨、兄弟姊妹們修剪花草樹木；那些玫瑰花、玉蘭花不開花，仙丹花、扶桑花、馬纓丹開花不整齊，芭樂、芒果、枇杷不結果，七里香、樹蘭、黃葉金露花、日本女貞綠籬長得不整齊，在一天的學習後就能將「自然式修剪」的作業技術運用到讓花開了、結果了、長得茂盛了，因此他們笑稱我是婦產科或是整形外科的樹醫，我也非常欣喜有這樣的稱號！

善用自然式修剪，友善全世界植物

　　台灣真是個福爾摩莎美麗寶島！在600多萬年前因為地殼變動的造山與板塊運動下，使台灣具有全世界獨一無二的地理環境，擁有從熱帶、亞熱帶、溫帶到寒帶的跨氣候帶環境，整個島如同是一個天然的大溫室，因此可以孕育來自全世界的植物。在歷史時空的因緣際會下，從西班牙、荷蘭、明鄭成功、滿清、日治、民國等各時期，讓全世界的各國植物有機會來到台灣。所以台灣擁有全世界的植物，什麼都有！什麼都不奇怪！

　　所以，今天在台灣已經不單單是要解決台灣植物的問題，更要解決全世界植物的問題。面對在台灣的世界植物，我們也要有更務實而有效率的方式來維護管理這些植物。因此提倡「自然式修剪」將會是最善待這些嬌客以及凸顯這些植物特性的最佳方法。

易學好用的自然式修剪三部曲

　　為了要推廣及更加強化「自然式修剪」的技術作法，再度改編出版這本《花木修剪實

用全書》，除了有基本的工法、實用的案例、原理作用的論述之外，這次也對於大家所重視的修剪相關課題：「12不良枝判定、疏刪W判定、短截V判定」修剪三部曲中的「疏刪W判定、短截V判定」多加著墨與說明，並且增加相關圖片及插畫予以詳述；希望這本新書能夠讓大家對花木修剪有更充分的理解與認識，並且能有更多的認知與討論。

其實，花木修剪的技術並不難，一學即會。難是難在修剪的心態與觀念判斷，因為修剪之道存乎於心。心態對了，自然修樹就會正確。如果我們都可以「視樹猶親」，把樹木當作親人般來對待與關懷，並且了解各個樹種特性，再使用「自然式修剪」工法，這樣就可以讓樹木與我們的生活環境共存共榮，也為我們所生活的環境空間，在未來增加更多的歷史與記憶、創造更多「珍貴老樹」的「場所精神」空間。

感謝大家愛用自然式修剪造福環境

這本新書《花木修剪實用全書》的出版，歷經許多的討論、編輯、校對、修正等繁雜程序，其中要非常感謝麥浩斯《花草遊戲》張淑貞社長及其團隊的辛勞與協助，因為大家對於品質的堅持，才能使本書能夠再度呈現：系統簡明、歸納實用、圖文並茂、淺顯易懂的特色。

在此我也要誠摯感謝為本書熱情推薦的諸位產官學研界的先進前輩與師長好友們，還有持續在各地方推廣「自然式修剪」的全國各縣市地方景觀及園藝公會的會員幹部夥伴同好們，在您們大家的支持鼓勵與督促鞭策之下，已經讓台灣的景觀環境，一天一天的更美好！樹木也一天又一天的更欣欣向榮！

謹以本書向所有愛樹、護樹、修樹、移樹、種樹…奉獻心力的家人、朋友、工作夥伴與客戶致敬！感謝有您！才能成就今天的美麗成果，期待我們繼續為提升環境景觀美質而堅持與努力！

我們也要繼續善用「自然式修剪」讓樹木更健康！景觀更美麗！

李岩峰

2020.06.27.於竹北

Part

1

WHY
為什麼需要修剪？

何時該修剪？ 20 種常見的需要修剪狀況

民眾普遍都知道花木需要修剪，然而最多的問題在於「什麼樣的狀況就需要修剪呢？」或者「如何判斷花木植栽應該或不應該修剪呢？」所以整理了實用的「20 種常見修剪狀況表」，可供修剪前依據實際狀況進行參考。

20 種常見修剪狀況表

- ☐ 1. 移植時為了增加樹木種植的成活率。
- ☐ 2. 雖然枝葉茂盛卻一直不開花或開花結果不良時。
- ☐ 3. 雖然生長正常卻一直長不大、長不高時。
- ☐ 4. 為了整體樹群增加整齊度與美觀性。
- ☐ 5. 花木有許多枯枝、黃葉或枝葉凌亂時。
- ☐ 6. 樹冠內部結構分生的十二不良枝很多時。
- ☐ 7. 枝葉過於茂密而導致遮蔽及採光及通風不良時。
- ☐ 8. 枝幹或枝葉已有明顯病蟲害症狀而用藥不佳時。
- ☐ 9. 樹木因修剪不當所造成傷口無法癒合或已經腐朽時。
- ☐ 10. 樹木分枝太開張或下垂或偏斜生長嚴重。
- ☐ 11. 樹下太陰暗且草坪無法生長或黃葉落葉量多。
- ☐ 12. 因為長得太高或重心太高太偏而擔心倒伏斷落時。
- ☐ 13. 樹木因為分枝呈夾角緊密或交叉生長不良時。
- ☐ 14. 樹木已有很多明顯可見的枯乾枝現象時。
- ☐ 15. 樹木主幹表面或末梢災後傷口已經萌發分蘖枝時。
- ☐ 16. 樹木已有很多懸垂飄移、非連結性的氣生鬚根時。
- ☐ 17. 灌木愈長愈高而枝條老化生長勢弱，想要更新復壯時。
- ☐ 18. 想要恢復樹木原有的造型，以增加整齊與美觀性。
- ☐ 19. 想要改變樹木造型，藉以增加其價值性與可觀性。
- ☐ 20. 樹木已經枯死，需將病殘根體挖除前的前置作業。

註：以上若有勾選任何一項，就要「考慮修剪」。
　　若有勾選二項以上，就應「立即修剪」。

Q 01／杜鵑為何不開花？

　　某國小校長找我去勘查校園裡的杜鵑花為何一直都不開花？經我察看後發現：平戶杜鵑的枝葉茂密、造型優美，可以說是修剪得非常專業；但問題就出在修剪得太勤勞了，每個月都仔細的進行修剪，因此 杜鵑需要半年花芽分化的頂芽就一直被剪掉，當然就一直不開花了。因此我向校長建議，請校工平時對 杜鵑花別太認真，每年只需在花開後的一個月即在 3~5 月間修剪造型即可；果然，校長接受了我的建議，學校裡的杜鵑就年年盛開了。

Q 02／綠籬為何不開花？

　　我曾經在某年八月時承接一個研究院區的景觀維護管理工程，庭園綠地中的日本小葉女貞綠籬依過去十年的習慣，邊角都是剪成直角，我接手後把邊角弧度從直角修剪成倒圓角，之後若遇有徒長枝葉就每個月巡剪 一次，結果到了隔年四月間就開滿了雪白的花。

　　其實這次修剪能促使開花的原理很簡單，就是「增加日照量」。當修剪成倒圓角之後，一來增加側邊枝葉的日照量，定期修剪徒長枝來減少植栽養分的無謂消耗，並使養分分配更加合理，因此就能正常開花了。

日本女貞綠籬在修剪前的邊緣為方角。

日本女貞綠籬修剪成為倒圓角。

綠籬邊角修成倒圓角後，因增加日照量而促進開花。

Q 03／果樹為何一直不結果？

好友找我去看他家院子裡的芭樂，種了近十年都不太會結果，有時只結了一點點果實就掉光光，但枝葉卻非常茂密。

我的改善作法是這樣的，除了以「十二不良枝判定」修剪之外，進一步做了「7-11 剪定法」；也就是先辨認芭樂的枝葉末梢是「弱枝」（枝葉少於十個節以下者）？還是「強枝」（枝葉有十個節以上者）？如果是弱枝就僅能留存 7-9 個節，後進行摘心剪除；如果是強枝就僅留存 9-11 節，後進行摘心剪除，也就是「弱枝留 7-9 節、強枝留 9-11 節剪定」，經我修剪後，一個月後這芭樂就開始開花結果了。

修剪前，芭樂枝葉茂盛但不結果。

芭樂進行「7-11 剪定法」後的情況。

修剪後的芭樂枝條 7-11 節處即能開花結果。

Q 04／樹木應不應該修剪？

二十年前我剛開始推廣修剪，有一次在某個植物園區進行修剪課程的示範教學，竟遭民眾投訴，主張植物園的樹木不應該修剪，因此還引起不少討論。

後來經過數月，經由我示範修剪的那些樹木，因為學員們修剪下刀的位置都很正確，所以後續它們的生長勢和成長狀況都較之前生長良好。我想自然森林中的花草樹木因為未受人類的干擾與破壞，可以任其自然成長與茁壯或進行生態演替的消長；但在人類居住的空間裡尤其是都市裡，定期與適度的進行花木修剪，恐怕是無法避免且需要維護管理的重要工作了。

這棵小葉欖仁未維護修剪前失去了原樹型該有的層次感。

修剪後恢復層次分明的樹形，是不是也比較健康又漂亮呢？

Q 05／修剪可以控制樹木的大小？

我從小就在假日花市工作，隔壁專賣盆景的林師傅，攤位上陳列各式各樣的盆栽，黑松、杜鵑、櫸木、榔榆、楓香、黃槿、福建茶、狀元紅，但是為何栽培數十年的盆栽還是個頭那麼小？當時年紀小的我心中充滿了疑惑，直到後來才知道答案就在於「修剪」！

其實修剪可以使植栽長大或長不大。比方我們常見的造型綠籬或是盆景，就是利用修剪來控制植栽軀體的大小，專業上我們稱為「短截（抑制）修剪」；反之，也可以順其生理特性進行「短截（促成）修剪」，那麼它就會愈長愈高大，或使其愈長愈寬大。

三十年樹齡的小葉榕盆景經過不斷的修剪並配合換盆，可使形體受到抑制成長。

同樣三十年樹齡的小葉榕，在沒有經過抑制修剪下可以長成非常高大的樹木。

Q 06／下雨天適合移植或修剪樹木嗎？

　　我的建議是：除非是情況非常緊急，例如颱風後的樹木倒伏、斷折等需要搶救，或是落葉性植物在休眠期的陰雨天期間，否則在一般情況下，盡量不要在下雨天進行樹木移植或進行修剪的工作。

　　因為下雨天不管是進行移植或是修剪作業，往往也需要進行高空作業、乘坐高空作業吊車或是攀爬鋁梯或站立高處，較為濕滑而容易發生意外的機率變高； 所以下雨天應該暫停作業才能確保安全。

除非情況緊急需要搶救，否則不要在下雨天進行樹木移植或修剪工作，圖為颱風災後扶正種植作業。

　　至於下雨天是否適合移植或修剪樹木呢？也要視不同的植栽特性而有所差異，例如：溫帶落葉性植栽的桃、李、梅、櫻、楓，或是杜鵑花類、山茶科植栽就很適合；但是熱帶落葉性植栽，例如：木棉、刺桐就非常忌諱在下雨天進行移植及修剪；此外，常綠針葉性植栽， 例如：松、柏、杉科植栽，以及會流乳汁的植栽例如：桑科榕屬的榕樹類、大戟科植栽的烏　、變葉木、聖誕紅、非洲紅，夾竹桃科的黑板樹、大花緬梔、夾竹桃，也非常不適合在下雨天進行移植及修剪。

修剪後極易流出乳枝的植栽（例如：大花緬梔）極不適合在下雨天進行移植或修剪。

Ｑ 07／移植樹木一定要將枝葉修剪光光嗎？

其實移植前是不應該將枝葉修剪光光的。正確的方法是僅去除部分的老葉和初萌發的嫩芽與新葉，且需留下成熟青壯的葉片；若是將枝葉以砍光光的鋸除或是輕率的剪光光，都是修剪過頭了。

葉部的水分蒸散量佔整個樹體約 70%，枝幹部分的水份蒸散量佔約 20%，根球部的水份蒸散量則佔約 10%。因此，移植樹木時常常需要將根球部挖掘成球狀體，根部一旦被切斷了，也就暫時無法吸收來自土壤中的水分與養分，會造成植栽乾枝。

總之進行移植時，應該先將老葉及嫩芽部位進行剪除或以手摘除的方式，以減免水份的過度蒸散，這樣的做法在專業上稱為「補償修剪」，此將有利於於樹木的移植存活率。另外也要配合移植適期，這部分請參閱「十大類 1100 種植栽強剪 適期速查表」。

移植前的不當修剪，將造成移植後的品質不佳。

一個月後

移植前若能適當進行補償修剪，將有利於原型樹移植的成活率。

Q 08╱罹患褐根腐病的樹木，應該如何處理？

有一位住在郊區別墅的客戶要我去查看罹患褐根腐病的樹木是不是還有救，經我再診斷確認已達約 90% 以上幾近死亡的程度，雖然建議他要砍伐以免倒伏傷人或因接觸性傳染到鄰近的植栽，但是客戶認為這棵樹非常具有紀念性而捨不得砍掉，最後在我的勸說下還是砍掉了，不過他這種捨不得砍的態度，也是很多人對於老樹不捨的情感。

樹木褐根腐病是由一種擔子菌 Phellinus noxius 所引起的樹木快速萎凋病；初期病徵為：莖幹基部有褐色斑、或全株枝葉黃化萎凋狀、或根部組織有白色木塞化；一旦有這些徵狀時，約經 1～3 個月間就會漸漸枯死；每當樹木地上枝葉部位出現明顯可辨的黃化萎凋症狀時，其實根部已有 80% 以上受到損害，此時再作防治工作亦屬為時已晚了；而且直到目前為止，我國仍沒有有效的殺菌藥劑被官方推薦於防治上。

因此罹患褐根腐病的樹木修剪作業的重點應該是以「砍伐鋸除」樹體以避免倒伏傷人，原植宿土應做土壤燻蒸消毒作業為原則；至於修剪下來的樹幹、枝條也切勿任意丟棄、亂倒於山林荒地或溪床，也不可以碎木機處理後作為堆肥或舖蓋材料，而是必須要運到各縣市最終垃圾掩埋場或焚化爐處理，以免散佈病源而使褐根腐病更加傳播氾濫。此外，修剪或作業後的器械工具也應該進行消毒工作。

實務上可使用：三泰芬、三得芬、待克利、護矽得等稀釋藥液，噴佈工作環境範圍及進行器械之消毒使用。

樹木罹患褐根腐病的外觀症狀之 1：
全株枝葉黃化萎凋狀，即使在無風狀態下隨時會倒伏。

樹木罹患褐根腐病的外觀症狀之 2：
莖幹基部有褐色斑。

樹木罹患褐根腐病的外觀症狀之 3：
根部組織有白色網紋狀木塞化。

Q 09／為了防範颱風災害，應該如何修剪？

　　某一個颱風季前，我接到某大學總務主管電話詢問：「颱風來臨前，該不該事先修剪樹木？」我前往勘查後發現：這些植栽樹種大都是屬於「熱帶常綠及落葉性闊葉喬木」樹種，也就是生長快速、生性強健、枝幹材質疏鬆而較脆；基本上這樣的植栽品種並不太適合公共空間的景觀運用，因為每逢颱風，枝幹斷折或歪斜、倒伏是常有的事。

　　我的建議凡是有以下狀況，可在颱風前預先進行修剪防範：

1.枝葉生長茂密、風阻較大而易受強風吹襲倒伏之虞的情況。

　　小葉榕經過「疏刪修剪」之後，能減低風阻、重心 降低、可避免颱風吹襲的斷折或倒伏。

小葉榕未修剪前樹冠層的枝葉過於密集，容易因強風吹襲而倒伏斷折。

2. 樹木枝條過於偏斜生長而伸長，造成比例失衡，若遇有風吹即會晃動的情況時。

樟樹因枝條過於伸長，比例失衡，建議短截改善。

短截

3. 樹木明顯在外觀上有頭重腳輕的整體重心偏高的情況時。

樹木重心太高而有頭重腳輕情況時，可以留存新枝進行「造枝」改善。

造枝改善

樹木風災後「斷梢修剪」作業要領

清除斷裂幹梢 檢討樹體結構	先將樹木幹梢的斷折、裂開之部位，予以修剪切除。 再檢視樹木的主幹、主枝、次主枝（結構枝），甚至可以評估考量到分枝、次分枝…是否有均衡對稱安全？藉以評估是否實施「結構性修剪」或「不良枝修剪」。

評估進行 結構性修剪	結構枝不對稱時，則須配合結構枝的各分枝數量、位置及長度進行「結構性」整枝修剪以達成樹體結構均衡，由於此屬「強剪」，因此損傷嚴重者，修剪後的枝葉可能所剩不多，因此必須有長時間來養成枝條，才能恢復舊有茂盛的舊觀。

枝條樹幹 修剪處理	可分別視斷梢情況以「自脊線到領環」、「自上脊線到下脊線」、「自脊線45度」下刀方式做好斷梢傷口。

直立斷梢 修剪處理	直立樹幹斷梢或枯幹可先以吊車將其吊怪掛之後，再以「伐木四刀法」（口訣：倒向斜切→平切取木→對中鋸倒→處理幹頭）的方式修剪，以維護作業期間的工安。

塗佈傷口 保護藥劑	較大傷口（直徑大於三公分以上）建議塗佈傷口保護藥劑，得以（三泰芬或待克利）稀釋液拌入石灰粉調合後，再加入墨汁調色後即可塗佈使用。

場地清潔善後	工作完成之後可以吹葉機或相關清潔工具將現場清潔打掃復原舊觀。

Q 10／可以每次都修剪在同一位置上嗎？

進行花木修剪時，應避免每次都剪在同一位置上。

因為每次都重複在同一位置上修剪，將會使得花木修剪的傷口因為癒合組織不斷的增生而使傷口形成像是樹瘤般、結頭狀的不雅觀，並令整體樹勢不斷的衰弱，對於植栽是一種很不健康的做法。

尤其是一些癒合組織薄弱的樹種，例如：櫻花類植栽，就應避免進行較大枝條部位的修剪，以免傷口太大而不會癒合，導致腐朽菌或蟻類的危害。

日本有句諺語翻譯意為：「寧可修梅、不可修櫻」；或譯為：「修櫻花的是傻瓜、不修梅花的也是傻瓜！」；意指梅花分枝生長快速而繁多，因此須多加修剪控制，才能形成短果枝以利開花結果；而櫻花因為癒合組織薄弱，如果多加修剪，其傷口較難以癒合，不僅會影響健康也會妨礙外觀的美感，因此櫻花僅能在小苗時期注重整枝造型，不宜在成樹之後修剪過重、或重複修剪在同一位置，否則將難以保持樹型的美觀。

菩提樹因為重複修剪在同一位置上，而使其傷口呈現樹瘤般結頭狀的不雅觀。（圖片提供／蘇珮淳）

日本東京的行道樹經由慣性而統一的修剪在同一位置上，故可多見樹枝有樹瘤結頭狀的樣貌。

櫻花的癒合組織薄弱，因此不正確的下刀或強剪將使大小傷口都難以癒合。

修剪多少？3 種目視評估法

　　知道該修剪，「那該修剪多少呢？」成為下一個問題，依我多年經驗，有一個粗略目視評估法可估參考。

　　一個植株美不美，粗略的原則上可從「外在美」和「內在美」來評估，以「喬木類」景觀花木為例：

植栽的外在美：樹型與樹冠的外觀輪廓表現，希望能有「幹要正、枝要順、型要美」的表現。

植栽的內在美：也就是樹幹與枝葉的分生構造表現，由主幹、主枝、次（亞）主枝的「結構枝」部位，能夠分生具有層次而顯著。

評估舉例

 優良 | **稍微修剪就更完美**
此組大致是結構枝分生良好、幹正枝順型美，只需要稍加以 12 不良枝判定修剪修飾，就能近乎完美。

台灣欒樹：可將樹冠兩側較為擴張生長的枝條予以短截修剪，以免植栽持續偏斜生長。

榕樹（圓錐造型）：僅需要剪除頂端的優勢新芽即可近乎完美。

楓香：由於面向日照方向的枝條生長勢較強，因此需要將左側枝條末梢進行短截修剪。

修剪與否將影響植栽成長的好壞

△ 尚可

此組需要修剪的程度就多一點，修剪與否也直接影響植栽成長好壞。可先以 12 不良枝判定修剪，再以疏刪 W 判定修剪，最後再以短截 V 判定修剪即可。

小葉欖仁：樹冠上部較為優勢生長而開張之枝條，應予以短截修剪，但頂梢不可去除。

蒲葵：將下垂超過葉鞘分生處的水平角度修剪假想範圍線以下的葉片進行弱剪修除。

台灣欒樹：先實施 12 不良枝判定修剪後，再將樹冠層的細小枝葉疏刪修剪，最後再將樹冠外觀輪廓進行短截修剪後即可。

✕ 不良 　必須耐心用心修剪補救

此組是常見的修剪錯誤示範，必須更加耐心用心才能補救。可先以 12 不良枝判定修剪，再將先前修剪不良的傷口，經檢視後再自脊線到領環正確下刀，樹型嚴重不良時，應採用「結構式修剪」補救。

榕樹：任意的截頂打梢鋸除樹幹，其傷口將無法癒合完全，時間一久會危害樹體結構甚至促使樹木死亡。

楓香：中央領導主幹遭受截頂打梢後會導致側枝分生旺盛開張，故須疏枝及短截進行結構性修剪來改善。

小葉欖仁：中央領導主幹的頂稍受損時會導致側枝分生較為旺盛現象，故應將各側枝末端短截修剪，並等待新的頂梢之萌生。

修剪有何好處？8種修剪目的及效益

　　修剪花木是庭園景觀維護管理的重要作業項目之一，透過整枝修剪可以使景觀面貌有非常大的改變與立即的成效。而就實務來說，修剪有 8 種目的，展現出來的效益也各有不同。

花木修剪八大目的效益圖

造型修剪
改變原自然外觀造型
並增加觀賞樂趣及提高美感價值

短截修剪
短截樹梢以抑制或促成生長
並控制樹體及樹冠層大小

補償修剪
補償根部供水缺乏
降低水分蒸散
提高原樹型移植存活率

結構性修剪
促進大樹災後斷梢健康復原
或確保小苗結構良好成長

疏刪修剪
改善樹冠採光通風
以防治病蟲害及減低風阻防患風災

修飾不良枝修剪
改良修飾不良枝
以促進整體樹勢的美觀與健康

更新復壯返回修剪
更新復壯老化組織改善樹勢或
使樹冠返回縮小

生理修剪
調整樹體養分供需與蓄積
以促進開花結果與產期調節

養分水分阻斷輸送

斷根或移植挖掘根球部

修飾不良枝修剪
改良修飾不良枝以促進整體樹勢的美觀與健康

修飾不良枝修剪，也稱為：修飾修剪、不良枝修剪。

「修飾不良枝修剪」是植栽修剪的最基本工作，一般常於植栽移植定植前後期間實施。因為移植時於重機械的吊搬運送或人力的小搬運作業程序中，或因過程中的風力或其他外力等傷害，常常會造成樹冠層的枝幹斷折損傷，因此我們可以在植栽定植完成後，再進行修飾不良枝修剪，以使植栽能表現整體姿態的整齊與美感，並且促進植栽的健康成長。

「修飾不良枝修剪」就是觀察評估植栽樹冠內部所分生的枝條，由地面所分生的主幹、主枝、次主枝（以上三者合稱：結構枝），依序判斷鑑定各分生枝條是否有「12 不良枝」，如果有發現不良枝，再予以判定是否可以加以改良成良枝，或是須要自枝條分生位置予以修剪去除。

杜英種植後未修剪前呈現各株枝葉疏密程度差異太大不整齊情況。

杜英經過一次修剪後促使各株枝葉疏密程度與成長高度趨於一致。

肉桂種植後一直未修剪，故而呈現枝葉茂密、病蟲害多生的情況。

肉桂先進行不良枝的判定修剪之後，改善下垂枝過多而密的情況。

目前的肉桂應再進行疏刪 W 判定修剪之後，才能使其樹冠層的疏密度適宜，因為其樹冠外觀輪廓已經很圓順，因此無須進行短截修剪。

疏刪修剪
改善樹冠採光通風以防治病蟲害及減低風阻防患風災

又可簡稱為：疏剪、刪剪、疏刪 W 修剪。

「疏刪修剪」可以維持樹冠層內部有良好的採光與通風，因此避免樹冠層內部的潮溼悶熱空氣的聚集，如此即可避免病蟲害源的滋生與寄宿，也能減少因缺乏日照所造成的落葉量，更可以減少樹體耗費過多的營養與水分，由於減少了枝葉量，所以減少了風阻，因此對於防患颱風災害也有很好的效果，因此疏刪修剪可以促使植栽更健康、環境更能保持清潔衛生。

「疏刪修剪」的作法是在植栽進行樹冠內部的「12 不良枝判定修剪」之後，再進行觀察樹冠層的枝葉疏密程度，先以樹木主幹假想劃為中心線，判斷所切分為左右兩部分的樹冠層，其疏密程度是否有相同？對稱？平均？再將較密集的枝葉部分進行「疏刪 W 判定修剪」。

BEFORE

榕樹煤黴病嚴重卻在公園不能用藥防治。

AFTER

修剪二個月後

修剪後經兩個月後，新生枝葉已無病害，因修剪提高樹冠採光通風而治癒病害。

經不良枝及疏刪、短截修剪三步驟後。

餐廳中庭天井的茄苳罹患紅蜘蛛的危害，又無法噴藥防治。

茄苳經疏刪修剪之後，每天並配合澆水淋洗全株茄苳。

茄苳經一個月後萌發新芽，已不藥而癒無病蟲害的徵狀。

欖仁的枝葉茂密、風阻也較大，樹冠內部不僅採光及通風不良也造成冬季季風吹襲而變形。

欖仁經過疏刪修剪之後、風阻減少、樹冠內部採光及通風良好，可以更加抵抗濱海惡劣環境氣候干擾。

黃金榕未經疏刪修剪前，樹下陰暗、草坪衰弱枯死、下垂枝影響行人空間。

黃金榕經疏刪修剪之後，光線透到樹冠下、草坪開始成長、空間更加舒適。

疏刪 W 及短截 v 修剪判定示意圖

星爍茉莉

不良枝判定修剪完成

疏刪 W 判定修剪完成

短截 V 判定修剪完成

目的效益 3 短截修剪
短截樹梢以抑制或促成生長並控制樹體及樹冠層大小

又稱為:短剪、截剪、短截 V 修剪。

「短截修剪」可以用來控制樹體的樹冠層大小,並且維持樹冠層有一定的圓順度,藉以使風力通過樹冠層的阻力降低,如此可以減免空氣流動較快的強風吹襲危害,並確保樹木聳立在大自然當中的安全無虞,以免妨害其正常的生長茁壯。

「短截修剪」的作法是在植栽先進行「12 不良枝判定」及「疏刪 W 判定」修剪之後,再檢視樹冠天際線的枝梢生長狀態是否過於突出生長,並導致樹冠外觀不夠圓順?若有此情況可依樹冠枝葉突出生長之間的天際線 V 字低點相互連線而形成「修剪範圍假想線」,據此進行「短截 V 判定修剪」。

鵝掌藤的枝葉生長過於伸長,妨礙步道寬幅。

依據步道路緣範圍予以短截修剪,可以兼顧鵝掌藤的生長與實用及美觀。

榕樹預備進行移植時的補償修剪,也會實施短截修剪作業。

榕樹實施短截修剪作業後,在外觀上呈現比較茂盛的樣貌。

垂葉榕的樹冠遭受風災斷梢破壞。

經由短截修剪可以重新塑造樹冠的完整性。

垂葉榕實施短截修剪作業過程中，枝幹「徑長比」縮短後的樣貌。

雀榕枝葉下垂茂密影響採光及通風也阻礙人車通行。

雀榕經由短截修剪之後，提高枝下高度及促進採光通風良好。

目的效益 4　造型修剪
改變原自然外觀造型並增加觀賞樂趣及提高美感價值

　　「造型修剪」，其實也是一種另類的短截修剪，但其與短截修剪仍有其很大的不同處。

　　因為「短截修剪」是依據植栽樹體的逐漸生長變大，而隨之判定修剪所突出生長的樹梢。但是「造型修剪」則是一直持續在同一處採用定期而規律的修剪，藉以維持植栽一定的樹體大小與造型。

　　「造型修剪」會改變植栽的自然式樹形，因此常以此新的外觀造型來增加其景觀的運用目的，並且因為外型的改變而能增加其原有的價值，並增加觀賞樂趣或美感。

　　「造型修剪」在做法上是先將植栽計畫其造型，並予以設定「修剪範圍假想線」後，再考量所需的修剪程度是強剪或是弱剪？如果是強剪須選擇適期作業，若是弱剪則可隨時進行修剪。並持續定期的在同一處修剪超過「修剪範圍假想線」的植栽樹冠末梢枝葉部位。

屬於週期性開花的歐美合歡可於每次開花後予以強剪造型，即可促進一年內的多次開花。

歐美合歡造型修剪後的開花情形，若花謝之後可以再次修剪花後枝。

龍柏可於 12~2 月修剪冬季休眠期間的修剪適期予以造型修剪。

龍柏造型修剪之後，須逐年修剪以維持其橢圓端正造型。

千頭木麻黃可於平時以弱剪方式造型修剪。

千頭木麻黃造型修剪後的樣貌。

槽化島中原種植黃葉金露花與月橘成三圈，景觀效果極度不良。

經透過造型修剪後，使兩種植栽呈現三段高低層次表現，改善了景觀面貌。

目的效益 5 生理修剪
調整樹體養分供需與蓄積以促進開花結果與產期調節

或可稱為：生殖修剪。

「生理修剪」可以調節植栽的生長勢、調整樹體的營養分布、防止枝葉的徒長、促使營養與水分的集中、促進花芽分化、讓植栽能開花集中、以促進結果的質量提升、並且可以調整開花週期與結果產期，增進植栽所為人所愛的開花結果效益。

「生理修剪」前，應先暸解各種植栽品種的開花結果之生理作用的特性與習性。在做法上經常是在「短截修剪」時，須特別留意其修剪後所留下的末梢枝條之「長度」為何？或「節數」為何？並且以「平行枝序方向修剪法」予以剪定去除枝梢。

屬於季節性開花的杜鵑僅能在開花花謝後的一個月內進行強剪，若是平常任意修剪就會造成不開花的情況。

杜鵑在開花後的一個月內進行修剪，可強剪或弱剪，如此就能在春季繁花盛開又整齊。

杜鵑「花後月內強剪」之後所萌生的新芽需要六個月以上的花芽分化才能形成花苞。（圖為弱剪的實況）

櫻花平時可先修剪不良枝，再將末梢短截修剪僅留 30~40CM 的方式，即可促進開花密集及花期延長。

圖右的櫻花透過「生理修剪」後，於三月底花季末期仍有餘花，明顯的與左側未經修剪的櫻花對照下，其開花更密集、花期延長約六天。

「短截修剪」假想範圍線

柿樹經由修剪不良枝，再將末梢短截修剪僅留 8~13 節的方式，即可促進開花結果。（圖為尚未修剪之現況）

柿樹經由生理修剪後，一可調節營養的分配，一可增加樹冠的採光與通風以防治病蟲害。（圖為經 12 不良枝修剪後，待「短截修剪」之現況）

目的效益 6 補償修剪
補償根部供水缺乏降低水分蒸散提高原樹型移植存活率

「補償修剪」的作法簡稱：摘老葉、剪嫩芽。

主要是用於移植種植前，為了提高苗木移植存活率，在斷根及挖掘樹木根球部時可先進行「補償修剪」，使地上及地下兩處樹體部份能保持相對的吸水速率與蒸散速率的平衡，如此即可有效提高移植種植作業的成活率。

也就是植栽已經日常維護管理的：「12 不良枝」、「疏刪 W」、「短截 V」判定修剪三部曲之後，就需要再將植栽樹冠層末梢的枝條之末端嫩梢或新芽摘除，再將枝條基部的老葉予以剪除或摘掉，僅留下中間青壯的葉，如此「除葉」便減少了全株植栽葉量，最後僅留下約 1/3~1/2 的總葉量數。

由於某些植栽在移植時具有「補償性落葉」特性，因此可以在移植時不必進行「補償修剪」。例如：桑科榕屬類的植物、樟樹……等。

此外，對於松科、杉科、柏科等植栽種類，亦無須進行「補償修剪」的「除葉」作業，以免減少枝葉（營養體）的數量，將會影響移植的存活率。

常綠針葉樹種：側柏 12～2月適期直接斷根移植。

常綠闊葉樹種：朴樹 12～2月適期直接斷根移植。

常綠闊葉樹種：茄苳 3～4月適期直接斷根移植。

常綠闊葉樹種：光臘樹 4～5月適期直接斷根移植。

熱帶常綠闊葉樹種棋盤腳於 6 ～ 10 月適期移植時在原宿植地點已進行過一次補償修剪後，搬運至工地種植前二度進行補償修剪。

補償修剪「摘老葉除嫩芽」作業完成後，隨即定植施工種植完竣。

熱帶常綠闊葉樹種：肯氏南洋杉無須修剪即可於6～10月適期直接斷根移植。

棋盤腳種植後約一個月，存活良好。

熱帶常綠闊葉樹種：蓮霧 6 ～ 10 月適期直接斷根移植。

目的效益 7　更新復壯返回修剪
更新復壯老化組織改善樹勢或使其樹冠返回縮小

亦可稱為：更新復壯修剪、返回修剪、返剪、更新修剪、復壯修剪。

「更新復壯返回修剪」可以促使植栽因樹齡漸漸老化而使樹體生長勢逐漸衰弱，因此植栽表現其生長較慢遲緩、開花結果質量逐年不良、甚至不開花或不結果。或因為樹體枝條樹幹漸漸成長而老化粗大或過於壯碩，希望能夠返回過去較新生而青壯的枝條狀態時，即可予以修剪改善。

「更新復壯返回修剪」是選用留取新生且生長勢較強健的分蘗枝或徒長枝等作為「新枝」應用，以其新枝的營養器官組織之再生能力較強、「酵素」活動加劇、新陳代謝作用旺盛，而能「更新」代替原有的老枝而促使其能「復壯」，並藉以迅速恢復其樹體的生長勢強健。

「更新復壯返回修剪」常用於：灌木類的綠籬植栽、造型植物、果樹類植栽，也能用於因損傷或老化而亟需透過返剪來快速更新復壯恢復樹勢的植栽。

但是對於傷癒組織生長薄弱的樹種，如：櫻花類植栽，或是：松科、杉科、柏科等常綠性針葉系樹種，均不建議使用「更新復壯返回修剪」。

鵝掌藤種植多年後生長高大開張而影響通行，可經由撥開樹叢中，依據萌芽枝集中處的高度，做為返回修剪的位置。

鵝掌藤於適期經過更新復壯的返回修剪後，大約三至四個月後即能恢復枝葉茂密生長的狀態。

水蜜桃會因枝條愈老產果質量愈不佳，故須留存徒長枝作為更新復壯的替補用枝。

樹木主幹被撞斷後，常會萌生分蘗枝條，若加以留存可以成為更新復壯的替補用主幹，但原有的腐朽幹頭應該清除。

樹木的更新復壯替補用主幹長成之後，原有的幹基部仍需以45度斜向切除。

黃葉金露花經過多年栽種後亦須擇強剪適期（3～10月間）實施更新復壯返回修剪。

目的效益 8　結構性修剪
促進大樹災後斷梢健康復原或確保小苗結構良好成長

也可稱為：結構修剪。

「結構性修剪」的目的，是希望藉由修剪來調整樹體結構枝之分生與養成，確保樹木未來能長成更健康與安全的樹體結構。

「結構性修剪」的使用時機之一：常常是在：樹木幼齡（小苗）尚未長成「結構枝」的時期。其次，是在成齡大樹及老樹因遭受外力災害而使枝幹樹型嚴重受損，因此缺乏完整的「結構枝」時期。

「結構性修剪」是為了塑造植栽樹體的主幹、主枝、次（亞）主枝（三部位合稱：結構枝），所進行的評估修剪方式，因此一般會在每半年左右實施一次「疏芽疏枝修剪法」，並且於樹體適當位置留存新生枝芽，以供其持續「造新枝」而生長茁壯而成為新的「結構枝」之一，如此經過數年的「結構性修剪」後，即可漸漸造就成為具有完整「結構枝」的正常樹體。

茄苳從小苗種植約 9 年，因為未適當修剪，所以長得非常矮小而枝葉茂密。

經過結構枝的留存判定修剪後，再將枝條上的宿存老葉或基部老葉摘除後即屬完成。

圖為柿子在 8 月遭受風災後的結構性修剪，經保留細長的小枝以供快速萌芽成長以補充其枝葉
營養體量，才能藉由光合作用蓄積養份供其生長所需。

富有柿小苗的枝葉茂盛繁雜，將不利於未來
的生產與管理。

經過結構枝的留存及樹型判定的結構性修剪
後，再摘除宿存老葉或基部老葉即完成。

景觀植栽修剪目的原理方法一覽表

修剪目的序號	修剪目的名稱	修剪之目的與效益	修剪應用的基本原理	十大類植栽修剪類型	應用之修剪方法
目的 1	修飾不良枝修剪	改良修飾不良枝以促進整體樹勢的美觀與健康	1、自然樹型的分枝構成規律性原理	1、草本花卉類 2、地被類 3、觀葉類 4、灌木類 5、喬木類 6、棕櫚類 7、竹類 8、蔓藤類 9、其他類 10、造型類	1、修剪八招基本工法 2、平均萌芽長度修剪法 3、平行枝序方向修剪法 4、12不良枝判定修剪法 5、疏刪W判定修剪法 6、短截V判定修剪法 7、小枝一刀修剪法 8、粗枝三刀修剪法 9、伐木四刀修剪法 10、斜上45度修剪法 11、老竹高寬控制修剪法 12、新竹三五小枝修剪法
目的 2	疏刪修剪	改善樹冠採光通風以防治病蟲害及減低風阻防患風災	1、自然樹型的分枝構成規律性原理 6、基部老葉修剪促進花芽分化原理	4、灌木類 5、喬木類 7、竹類 8、蔓藤類 9、其他類 10、造型類	2、平均萌芽長度修剪法 3、平行枝序方向修剪法 4、12不良枝判定修剪法 5、疏刪W判定修剪法 6、短截V判定修剪法 7、小枝一刀修剪法 8、粗枝三刀修剪法 9、伐木四刀修剪法 10、斜上45度修剪法 12、新竹三五小枝修剪法
目的 3	短截修剪	短截樹梢以抑制或促成生長並控制樹體及樹冠層大小	1、自然樹型的分枝構成規律性原理 2、破壞頂端優勢促使萌生多芽原理 3、加粗加長發育形成生長枝序原理 4、修剪頂芽側芽改變生長角度原理 5、強枝可強剪及弱枝宜弱剪的原理	1、草本花卉類 2、地被類 4、灌木類 5、喬木類 7、竹類 8、蔓藤類 9、其他類	1、修剪八招基本工法 2、平均萌芽長度修剪法 3、平行枝序方向修剪法 4、12不良枝判定修剪法 5、疏刪W判定修剪法 6、短截V判定修剪法 7、小枝一刀修剪法 8、粗枝三刀修剪法 9、伐木四刀修剪法 11、老竹高寬控制修剪法
目的 4	造型修剪	改變原自然外觀造型並增加觀賞樂趣及提高美感價值	2、破壞頂端優勢促使萌生多芽原理 3、加粗加長發育形成生長枝序原理 4、修剪頂芽側芽改變生長角度原理 5、強枝可強剪及弱枝宜弱剪的原理	4、灌木類 5、喬木類 7、竹類 10、造型類	2、平均萌芽長度修剪法 3、平行枝序方向修剪法 4、12不良枝判定修剪法 5、疏刪W判定修剪法 6、短截V判定修剪法 7、小枝一刀修剪法 8、粗枝三刀修剪法 9、伐木四刀修剪法 11、老竹高寬控制修剪法 12、新竹三五小枝修剪法

修剪目的序號	修剪目的名稱	修剪之目的與效益	修剪應用的基本原理	十大類植栽修剪類型	應用之修剪方法
目的5	生理修剪	調整樹體養分供需與蓄積以促進開花結果與產期調節	6、基部老葉修剪促進花芽分化原理	1、草本花卉類 2、地被類 4、灌木類 5、喬木類 8、蔓藤類 10、造型類	1、修剪八招基本工法 2、平均萌芽長度修剪法 3、平行枝序方向修剪法 4、12不良枝判定修剪法 5、疏刪W判定修剪法 6、短截V判定修剪法 7、小枝一刀修剪法 8、粗枝三刀修剪法
目的6	補償修剪	補償根部供水缺乏降低水分蒸散提高原樹型移植存活率	2、破壞頂端優勢促使萌生多芽原理 6、基部老葉修剪促進花芽分化原理	1、草本花卉類 2、地被類 3、觀葉類 4、灌木類 5、喬木類 6、棕櫚類 7、竹類 8、蔓藤類 9、其他類 10、造型類	1、修剪八招基本工法 2、平均萌芽長度修剪法 3、平行枝序方向修剪法 10、斜上45度修剪法 12、新竹三五小枝修剪法
目的7	更新復壯返回修剪	更新復壯老化組織改善樹勢或使樹冠返回縮小	2、破壞頂端優勢促使萌生多芽原理 3、加粗加長發育形成生長枝序原理 4、修剪頂芽側芽改變生長角度原理 5、強枝可強剪及弱枝宜弱剪的原理	2、地被類 3、觀葉類 4、灌木類 5、喬木類 7、竹類 8、蔓藤類 9、其他類 10、造型類	1、修剪八招基本工法 3、平行枝序方向修剪法 7、小枝一刀修剪法 8、粗枝三刀修剪法 9、伐木四刀修剪法 10、斜上45度修剪法 11、老竹高寬控制修剪法 12、新竹三五小枝修剪法
目的8	結構性修剪	促進大樹災後斷梢健康復原或確保小苗結構良好成長	1、自然樹型的分枝構成規律性原理 2、破壞頂端優勢促使萌生多芽原理 3、加粗加長發育形成生長枝序原理 4、修剪頂芽側芽改變生長角度原理 5、強枝可強剪及弱枝宜弱剪的原理	3、觀葉類 4、灌木類 5、喬木類 8、蔓藤類 9、其他類	1、修剪八招基本工法 3、平行枝序方向修剪法 4、12不良枝判定修剪法 7、小枝一刀修剪法 8、粗枝三刀修剪法 9、伐木四刀修剪法

47

隨時可以修剪嗎？
隨時都可以「弱剪」，但「強剪」要適期

花木可以高興什麼時候剪就剪嗎？還是要選擇良辰吉時呢？建議大家在我的經驗告訴我，平時皆可以「弱剪」（亦稱「輕剪」），但「強剪」（亦稱「重剪」）則要選擇適期，因為弱剪影響植栽後續生長的情況較輕，強剪則影響較為嚴重，若能在強剪適期內進行修剪，將能有利於植栽在強剪後也能正常生長順利。

強剪

弱剪

強剪適期 1 在「休眠期間」（落葉後到萌芽前）

修剪就如同人們動手術一般，欲避免疼痛得先注射麻醉劑；而大部分的落葉性植物及溫帶常綠性針葉系植物，則可等待冬天來臨後，當落葉性植物落葉後到萌芽前的期間，或是當溫帶性針葉系植物遇到隆冬寒流或冷鋒過境的刺激後，其樹木體內樹脂停止或緩慢流動時，即是植物的「休眠期間」，也就是「強剪」的適期。

強剪適期 2 在「生長旺季期」（末梢萌發新芽時）

大部分的常綠性闊葉系植物可在大量萌生新芽、長出新葉的「生長旺季」時期強剪，因為該時期的植物最具生命力及生長活力，此時進行強剪，將不會影響植栽的後續生長，而且傷口的復原癒合再生能力較佳，後續生長勢也較不會受到影響。

> **TIPS 「強剪適期」也略同「移植適期」！**
>
> 值得注意的是：植栽的「強剪適期」與「移植適期」是一樣的，植栽移植若能配合「移植適期」，即使未能事先斷根養根，也能一次直接挖掘斷根移植，並能增加移植存活率。

善用自然式修剪的好處多多！

落葉性植栽於落葉後的休眠期修剪能減少枝葉垃圾清運量。

茄苳於適期強剪後的直徑 18cm 傷口正迅速癒合復原中。

龍柏於非強剪適期進行強剪後生長勢衰弱而枯死。

配合蘇鐵的強剪適期強剪後再噴佈藥劑能有效防治介殼蟲類危害。

「強剪」（略同「移植」）適期判定原則

一、（針葉及闊葉）落葉性植物：桃、李、梅、櫻、楓、楝、落羽松……

　　宜擇「休眠期間」即：冬季寒流冷鋒過境後時期，其落葉後到萌芽前期間。

二、（針葉）常綠性植物：松、杉、柏科植物…

　　宜擇「休眠期間」即：冬季寒流冷鋒過境後時期，其樹脂流動緩慢或停止時期，落葉後到萌芽前期間。

三、（闊葉）常綠性植物：

　　宜擇「生長旺季」即：枝葉萌芽時即屬旺季

　　1、萌芽期間長者：榕類、福木、芒果、龍眼、蘭嶼羅漢松……等

　　2、萌芽期間短者：樟樹、楠類、楊梅、光臘樹、白千層……等

　　　「萌芽前一個月至萌芽期間」作業最佳。

善用「自然式修剪」的好處多多！

善用樹木的自然樹型作為修剪藍圖，是最能抵抗天災的修剪模式。

都市公園行道樹善用自然式修剪，能夠形成既自然美觀又減災健康的景觀效果。

造型修剪是違反自然樹型規律性的修剪，一旦造型修剪後就要持續定期修剪，而難以恢復自然樹型。

方形的造型修剪更會使樹冠的側邊日照量不足，久而久之會使樹木生長勢加速衰弱。

良好的自然式修剪，可以提供優良的綠蔭景觀效果，又能確保樹木的健康永續生長。

南洋杉類植物是少數無須修剪的樹種。

棕櫚類植栽若能每年 7 至 8 月善用自然式「弱剪」一次，即能確保「全年不落葉」而保障樹下的人車通行安全，圖為尚未修剪的現況。

果樹類善用自然式「生理修剪」後能增加結果質量，且能減少農藥及肥料的使用量。

阿里山的櫻花運用自然式「生理修剪」，故能確保每年的花季盛況。

阿里山國家風景區的紫藤花棚，應用自然式修剪而增添山城紫色浪漫氣氛。

移植時不當的任意截頂打梢修剪，不僅無法提高移植存活率，更會減損樹木的景觀綠美化效果。

移植樹木以自然式「補償修剪」可以減少水分蒸散並促進「原樹型移植」的存活率。

新種植的樹木可以自然式修剪維護，應用不良枝、疏刪、短截三項判定修剪即可促進生長發育。

景觀植栽～強剪（移植）適期、通則、維護年曆速查總表

類號	性狀分類	定義	項號	修剪應用分類	例舉常見植物
一	草本花卉類	以植物的花為主要觀賞目的之草本植物；常依據其生命週期特性分為：一二年生、多年生、宿根性三類。	1-1	一二年生	一串紅、金魚草、向日葵、紫萼鼠尾草、白 鼠尾草、鼠尾草類、薰衣草類、皇帝菊、黃帝菊、金毛菊、萬壽菊、雛菊、孔雀草、矢車菊、千日紅、雞冠花、紅心藜、大波斯菊、黃波斯菊、醉蝶花、蜀葵、風鈴草、瓜葉菊。夏堇類、美女櫻、矮牽牛、歐洲牽牛、百日草、報春花、虞美人、洋桔梗、秋葵類。九層塔、羅勒類、甜菊、福祿考、紫茉莉、三色堇、雜交香堇、五彩石竹、日本石竹、美國石竹、瞿麥、新幾內亞鳳仙花、櫻草花。
			1-2	多年生	射干、黃花射干、萱草、鳶尾類、日本鳶尾、德國鳶尾、荷蘭鳶尾、巴西鳶尾、紫花鳶尾、水蠟燭、鳶尾類、日本鳶尾、德國鳶尾、荷蘭鳶尾、巴西鳶尾、紫花鳶尾、水蠟燭、沿階草、銀紋沿階草、大葉沿階草、高節沿階草、麥門冬、大葉麥門冬。海水仙、文珠蘭、野薑花、薑荷花、小鳥蕉、赫蕉類、天堂鳥、睡蓮、荷花、萍蓬草、印度莕菜、菱角類、長萼瞿麥、玉簪類、紫蘭、大仙茅。百合花類、台灣百合、鹿子百合、鐵炮百合、風信子、繡球蔥、鬱金香、大理花、美人蕉類、鶴頂蘭類、女王鬱金、地湧金蓮、海芋。孤挺花、君子蘭、矮性結梗、大岩桐、仙客萊、球根海棠、麗格海棠、水仙花類、百子蓮、菊花類、油菊、芳香萬壽菊、黑星菊、藍冠菊、金球菊、金雞菊、重瓣大金雞菊、天人菊、勳章菊、穗花木藍、虎杖類、台灣蒲公英、西洋蒲公英、茴藿香、紫扇花。
			1-3	宿根性	射干、黃花射干、萱草、鳶尾類、日本鳶尾、德國鳶尾、荷蘭鳶尾、巴西鳶尾、紫花鳶尾、水蠟燭、鳶尾類、日本鳶尾、德國鳶尾、荷蘭鳶尾、巴西鳶尾、紫花鳶尾、水蠟燭、沿階草、銀紋沿階草、大葉沿階草、高節沿階草、麥門冬、大葉麥門冬。海水仙、文珠蘭、野薑花、薑荷花、小鳥蕉、赫蕉類、天堂鳥、睡蓮、荷花、萍蓬草、印度莕菜、菱角類、長萼瞿麥、玉簪類、紫蘭、大仙茅。百合花類、台灣百合、鹿子百合、鐵炮百合、風信子、繡球蔥、鬱金香、大理花、美人蕉類、鶴頂蘭類、女王鬱金、地湧金蓮、海芋。孤挺花、君子蘭、矮性結梗、大岩桐、仙客萊、球根海棠、麗格海棠、水仙花類、百子蓮、菊花類、油菊、芳香萬壽菊、黑星菊、藍冠菊、金球菊、金雞菊、重瓣大金雞菊、天人菊、勳章菊、穗花木藍、虎杖類、台灣蒲公英、西洋蒲公英、茴藿香、紫扇花。

	強剪適期 判斷通則	強剪適期之建議季節 期間	修剪要領 / 作業通則
	1、花謝後可立即「弱剪」剪除 　　開花枝。 2、植栽於一二年間會結束生命 　　週期，故後續無須進行強剪。	因生命週期短暫，故無 須修剪	
	1、花謝後可立即「弱剪」剪除 　　開花枝。 2、「生長旺季」萌芽期間得「強 　　剪」。	生長旺季的萌芽期間	1、平時要多利用摘心摘芽調節莖 　　葉生長方向 2、花謝後應立即剪除開花枝避免 　　其後續結果 3、花期後遇有莖部萌發新芽時即 　　可剪除老莖
	開花期後遇有莖部萌發新芽時	依各種植栽開花季節 決定	

類號	性狀分類	定　義	項號	修剪應用分類	例舉常見植物
二	地被類	以觀賞為目的的植栽，其具有匍匐性或旁蘗性可多方延長衍生其莖葉的草本或木本類植物，且生長高度通常在0.3M以下者。	2-1	全類型	薄荷類、百里香類、馬蹄金、錢幣草、冷水花、紫錦草、鴨跖草、水竹草、鈍葉草、玉龍草、紅毛莧、紅莧草、綠莧草、雪莧、法國莧、翠竹草、天胡荽。蔓花生、金腰箭舅、馬蘭、蔓性野牡丹、遍地金、倒地蜈蚣、濱馬齒莧、蟛蜞菊、南美蟛蜞菊。黃金葛類、白金葛、蔓綠絨類、觀葉甘藷類、馬鞍藤、毬蘭、班葉毬蘭、金絲草、圓葉布勒德藤。
三	觀葉類	大多屬於半日照或耐陰性的各類草本或木本植物，且以莖葉作為主要之觀賞目的者。	3-1	具明顯主莖型	姑婆芋、佛手蓮、台灣八角金盤。竹蕉類、虎尾蘭類、五爪木、孔雀木、寬葉孔雀木。朱蕉類、香龍血樹類、龍血樹、番仔林投、百合竹類。白花天堂鳥、旅人蕉。鵝掌藤類、粉露草類、福祿桐類。馬拉巴栗、澳洲鴨腳木、江某、
			3-2	非明顯主莖型	竹芋類、吊蘭類、彩葉芋類、合果芋類、蘭草類、蓬萊蕉類、蔓綠絨類、粗肋草類、黛粉葉類、網紋草類、嫣紅蔓類、美鐵芋、花菖蒲、石菖蒲、燈心草、蘭嶼芋、香林投、蜘蛛抱蛋、班葉蜘蛛抱蛋、星點蜘蛛抱蛋、台灣蜘蛛抱蛋、薄葉蜘蛛抱蛋、大武蜘蛛抱蛋。白鶴芋、觀賞慈姑類、觀賞鳳梨類、五彩鳳梨、芸香、孔雀薑、澤瀉類、明日葉、椒草類、臺灣椒草、紅莖椒草。

強剪適期 判斷通則	強剪適期之建議 季節期間	修剪要領 / 作業通則
1、花謝後可立即「弱剪」剪除開花枝。 2、「生長旺季」萌芽期間得「強剪」。	夏秋季間： 端午至中秋期間	1、可適當貼平地面「弱剪」新生莖葉末梢 2、「強剪」僅留老莖後再配合培土及施肥
1、花謝後可立即「弱剪」剪除開花枝。 2、「生長旺季」萌芽期間得「強剪」。	春夏秋季間： 清明至中秋期間	1、葉緣葉尖枯乾時可順著葉型修剪維持美觀 2、老葉枯黃變形破裂可將葉部抽離剪摘去除 3、老化木質化枝條須進行返剪促使更新復壯
1、花謝後可立即「弱剪」剪除開花枝。 2、「生長旺季」萌芽期間得「強剪」。	春夏秋季間： 清明至中秋期間	

類號	性狀分類	定　義	項號	修剪應用分類	例舉常見植物
四	灌木類	植栽主幹不明顯並呈現多分枝狀，其生長高度通常在 H2m 以下者。	4-1	常綠性	雜交玫瑰（薔薇）類、月季花、石斑木、田代氏石斑木、恆春石斑木、革葉石斑木、短柱山茶、垢果山茶、南仁山枇木。杜鵑花類、西施花、馬醉木、金露花、白花金露花、黃邊金露花、黃葉金露花、蕾絲金露花、錫蘭葉下珠、細葉雪茄花、六月雪、紅花六月雪。桂花、銀桂、丹桂、月桂、厚葉女貞、圓葉女貞、密葉女貞、金葉女貞、小實女貞、日本小葉女貞、銀姬小臘、茉莉花、毛茉莉、天星茉莉、青紫木、斑葉青紫木。月橘（七里香）、橘柑、樹蘭、含笑花、番茉莉、楨梧、海桐、斑葉海桐。大王仙丹、中國仙丹、宮粉仙丹、矮仙丹、紫牡丹、野牡丹、蒂牡丹、角莖牡丹、臺灣厚距花、臺灣野牡丹藤、黃蝦花、紅蝦花、珊瑚花。矮馬纓丹類、小葉馬纓丹、琉球莢　藍雪花、金絲桃、桃金孃、水蓮木、卡利薩、美洲含羞草、紅花玉芙蓉。大花扶桑、大紅花、朱董、南美朱董、歐美合歡、雪白合歡、羽葉合歡、紅粉撲花、紅花羊蹄甲、金葉擬美花、紫葉擬美花、苦藍盤、夜合花、黃鐘花。金英樹、花蝴蝶、紅蝴蝶、黃蝴蝶、長穗木、高士佛澤蘭、蔓荊、夜來香木、米飯花、小葉黃褥花、內冬子、紫雲杜鵑。黃梔類、華八仙、狹瓣八仙、小金石榴、金石榴、杜虹花、瑪瑙珠、紅果金粟蘭、狗骨仔、硃砂根、春不老、斑葉春不老、苗栗紫金牛、屯鹿紫金牛、華紫金牛、雨傘仔、玉山紫金牛、阿里山紫金牛、黑星紫金牛、小葉樹杞。迷迭香類、海衛矛類、碎米茶、胡椒木、小葉厚殼樹、芙蓉菊、楓港柿、密葉冬青、細葉冬青、凹葉冬青、金后冬青、鈕子樹、綠鈕樹。鐵莧類、變葉木類、光葉石楠、紅芽石楠、金門石楠、長紅木、大葉黃楊、小葉赤楠、十大功勞、阿里山十大功勞、狹瓣十大功勞、蚊母樹、象牙柿、大明橘、彩葉山漆莖、白雪木、枯里珍、咖哩樹、草海桐、美葉草海桐。
			4-2	落葉性	矮性紫薇、珍珠山馬茶、安石榴、白花石榴、金葉黃槐、金葉霓裳花、圓葉火棘、臺灣火刺木、台東石楠、貼梗海棠、醉嬌花、麻葉繡球、郁李、紅花繼木、燈稱花。山芙蓉、木槿、馬茶花、恆春山馬茶、蘭嶼山馬茶、紅蝴蝶、繡球花、立鶴花、假立鶴花。聖誕紅、非洲紅、小葉非洲紅、扁櫻桃。

強剪適期 判斷通則	強剪適期之建議 季節期間	修剪要領 / 作業通則
「生長旺季」萌芽期間得「強剪」	春夏秋季間： 清明至中秋期間	1、應依每次平均萌芽長度進行「弱剪」 2、花季後應剪除花後枝、結果枝及徒長枝葉 3、修剪應平行枝條或葉柄方向下刀修剪 4、每三至五年應予以更新復壯返剪一次 5、方型綠籬或花叢的邊角宜修成倒圓角狀 6、可設定修剪範圍假想線予以創意造型
「休眠期間」即：落葉後至萌芽前…得「強剪」。	冬季低溫期： 春節前後至早春萌芽前	

類號	性狀分類	定義	項號	修剪應用分類	例舉常見植物
五	喬木類	植大喬木：具有明顯主幹之木本植物，且其生長高度通常可達 H ≒ 2m 以上者。 小喬木：不具有明顯主幹之木本植物，且其生長高度通常可達 H ≒ 2m 以上者。	5-1	溫帶常綠針葉	黑松。台灣五葉松、台灣二葉松、琉球松、濕地松、馬尾松、華山松、＊錦松。龍柏、中國香柏、中國檀香柏、側柏、台灣肖楠、台灣扁柏、紅檜。＊黃金側柏＊香冠柏、＊偃柏、＊真柏、＊鐵柏、＊銀柏、＊花柏、羅漢松、小葉羅漢松、圓葉羅漢松。台灣油杉、台灣杉、柳杉、巒大杉、福州杉、紅豆杉、雪松、＊杜松。（註：本項＊種類為小喬木或灌木類）
			5-2	亞熱帶熱帶常綠針葉	竹柏、貝殼杉、百日青、桃實百日青、貝殼杉、蘭嶼羅漢松、小葉南洋杉、肯氏南洋杉。
			5-3	溫帶亞熱帶落葉針葉	落羽松、墨西哥落羽松、水杉、池杉。
			5-4	溫帶亞熱帶常綠闊葉	樟樹、牛樟、大葉楠、香楠、豬腳楠、小葉樟、倒卵葉楠、賽赤楠。茄苳、墨點櫻桃、刺葉桂櫻、楊梅、杜英、薯豆、枇杷、台灣枇杷。土肉桂、山肉桂、厚殼桂、青剛櫟、捲斗櫟、油葉石櫟、臺灣楊桐、森氏紅淡比、鐵冬青、雲葉、珊瑚樹、樹杞、春不老。白玉蘭、黃玉蘭、洋玉蘭、烏心石、南洋含笑、瓊崖海棠、檸檬桉、澳洲茶樹、厚皮香、大頭茶、烏皮茶、木荷、山胡椒。水黃皮、光臘樹、台灣海桐、紅瓶刷子樹、蒲桃、楊桃、秀柱花、檉柳、華北檉柳、黃槿、槭葉翅子木。山茶花、茶梅、假枒木、凹葉枒木、濱枒木、軟毛柿、中國冬青、綠玉紅、圓葉冬青、神秘果。金桔類、金棗、豆柑、桶柑、海梨、柳丁、虎頭柑、檸檬、香水檸檬、文旦柚、西施柚、苦柚、白柚、葡萄柚、番石榴、紅芭樂、泰國番石榴、水晶番石榴、草莓番石榴、香番石榴。

強剪適期 判斷通則	強剪適期之建議 季節期間	修剪要領 / 作業通則
「休眠期間」即：樹脂緩慢或停止流動後至萌芽前…得「強剪」	冬季低溫期： 春節前後至早春萌芽前	1、應避免強剪損傷結構枝，先進行「12 不良枝判定」修剪。 2、再施行「疏刪 W 判定」修剪。 3、後施行「短截 V 判定」修剪。 4、依據枝條粗細善用「粗枝三刀法、小枝一刀法」修剪平順。 5、修剪下刀角度須「自脊線到領環外移（避開領還組織）下刀貼切。 6、開張主幹分生枝序的樹種修剪三要： 幹要正、枝要順、型要美。 7、直立主幹分生枝序的樹種修剪四要：冠幅下長上短、間距下寬上窄、造枝下粗上細、展角下垂上仰。 8、修剪後的大型傷口得塗佈傷口保護藥劑。
「生長旺季」萌芽期間得「強剪」	春節後回溫期： 春節至清明前期間	
「休眠期間」即：落葉後至萌芽前…得「強剪」	冬季低溫期： 春節前後至早春萌芽前	
1、「生長旺季」萌芽期間內得「強剪」 2、須注意植栽的「生長旺季」萌芽表現將依溫度回升而異	春節後回溫期： 春節至清明後期間	

類號	性狀分類	定義	項號	修剪應用分類	例舉常見植物
五	喬木類	植大喬木：具有明顯主幹之木本植物，且其生長高度通常可達 H≒2m 以上者。 小喬木：不具有明顯主幹之木本植物，且其生長高度通常可達 H≒2m 以上者。	5-5	熱帶常綠闊葉	小葉榕、厚葉榕、正榕、黃金榕、垂榕、雀榕、大葉雀榕、島榕、白肉榕、三角葉榕、鵝鑾鼻榕、提琴葉榕、稜果榕、糙葉榕、高山榕、班葉高山榕、豬母乳、猴面果、印度橡膠樹、巴西橡膠樹。麵包樹、波羅蜜、榴槤、棋盤腳樹、穗花棋盤腳、白水木、海芒果、台東漆、芒果類。蓮霧、錫蘭橄欖、象腳樹、蓮葉桐、石栗、第倫桃、臘腸樹、海茄苳、海葡萄。龍眼、荔枝、大葉桉、蒲桃、菫寶蓮、白千層、紅千層、串錢柳、黃金串錢柳、紅瓶刷子樹、黃花夾竹桃、陰香、金新木薑子、紫黃剌杜密、土密樹、土沉香、台灣紅豆樹、潺槁樹、大葉樹蘭、大花赤楠。福木、書帶木、瓊崖海棠、大葉山欖、山欖、蘭嶼山欖、蘭嶼烏心石、蘭嶼肉豆蔻、蘭嶼柿、毛柿、蘭嶼肉桂、錫蘭肉桂、安南肉桂、金平氏冬青、馬拉巴栗、檸檬桉、藍桉、澳洲茶樹、耳莢相思樹、鐵色、交力坪鐵色、降真香、港口木荷、臺灣栲、木麻黃、千頭木麻黃、銀木麻黃、無葉檉柳。番石榴類、黃金果、黃皮果、大王果、酪梨、牛乳果、蛋黃果、人心果、臺灣假黃楊、白樹仔、釋迦、鳳梨釋迦、大目釋迦、大王釋迦、圓滑番荔枝、刺番荔枝、山刺番荔枝、牛心梨。西印度櫻桃、南美假櫻桃、嘉寶果、恆春山茶、武威山烏皮茶、咖啡樹、金雞納樹、黃心柿、灰莉。
			5-6	溫帶亞熱帶落葉闊葉	桃類、李類、醉李、梅類、櫻類、梨類、豆梨、蘋果類、棗子、印度棗、富有柿、長次郎柿、四方柿、牛心柿、石柿、筆柿、垂枝柿、碧桃、台灣石楠、小葉石楠。青楓、三角楓、紅榨槭、樟葉槭、垂柳、楊柳、班日柳、龍爪柳、銀柳、水柳、光葉水柳。台灣欒樹、苦楝、紫薇、九芎、烏皮九芎、櫸木、榔榆、黃連木、烏　。無患子、野鴉椿、食茱萸、杜仲、山菜豆、香椿、紫梅、台灣梭欏樹。流蘇、龍爪槐、姬柿類、台灣桑、小葉桑、南美長桑、山芙蓉。楓香、楓楊、白楊、廣東油桐、梧桐、板栗、木蘭花、辛夷、山桐子、銀樺、美國鵝掌楸。
			5-7	熱帶落葉闊葉	阿勃勒、鳳凰木、藍花楹、大花紫薇、黃金風鈴木、黃花風鈴木、白花風鈴木、粉紅風鈴木、洋紅風鈴木、紅花風鈴木、黃槐、羊蹄甲、洋紫荊、艷紫荊、花旗木、南洋櫻、爪哇旃那、鐵刀木類、盾柱木類、台灣刺桐、黃脈刺桐、火炬刺桐、珊瑚刺桐、雞冠刺桐、膠蟲樹。大花緬梔、鈍頭緬梔、黃花緬梔、紅花緬梔、雜交緬梔、魚木、日日櫻、大葉日日櫻、菩提樹、印度紫檀、印度黃檀、麻楝、雨豆樹、金龜樹、墨水樹、臺灣梭羅樹、天料木、蘋婆、掌葉蘋婆、蘭嶼蘋婆、麻瘋樹、黃槿、無花果。黑板樹、漆樹、桃花心木、山菜豆、海南山菜豆。小葉欖仁、錦葉欖仁、欖仁、第倫桃、火焰木。木棉、吉貝木棉、美人樹、猢猻木、辣木。

強剪適期 判斷通則	強剪適期之建議 季節期間	修剪要領 / 作業通則
1、「生長旺季」萌芽期間內得「強剪」 2、須注意植栽的生長「旺季」萌芽表現將依溫度回升而異	夏秋季間： 端午至中秋期間	1、應避免強剪損傷結構枝，先進行「12 不良枝判定」修剪。 2、再施行「疏刪 W 判定」修剪。 3、後施行「短截 V 判定」修剪。 4、依據枝條粗細善用「粗枝三刀法、小枝一刀法」修剪平順。 5、修剪下刀角度須「自脊線到領環外移（避開領還組織）下刀貼切。 6、開張主幹分生枝序的樹種修剪三要：幹要正、枝要順、型要美。 7、直立主幹分生枝序的樹種修剪四要：冠幅下長上短、間距下寬上窄、造枝下粗上細、展角下垂上仰。 8、修剪後的大型傷口得塗佈傷口保護藥劑。
「休眠期間」即：落葉後至萌芽前…得「強剪」	冬季低溫期： 春節前後至早春萌芽前	
1、「休眠期間」即：冬季低溫落葉後至萌芽前…得「強剪」 2、「休眠期間」即：夏季乾旱枯水期之落葉後至萌芽前…得「強剪」 3、「生長旺季」萌芽期間得「強剪」。	幾乎全年皆宜： 1、冬至春季間：春節前後至清明節後 2、夏季高溫期：逢乾旱枯水期之落葉後至萌芽前 3、夏至秋季間：端午至中秋期間	

類號	性狀分類	定義	項號	修剪應用分類	例舉常見植物
六	棕櫚類	皆屬單子葉植物之棕櫚科的棕櫚屬或海棗屬，所俗稱「椰子」的大中小型植物者。	6-1	單生稈型	女王椰子、大王椰子、國王椰子、亞歷山大椰子、狐尾椰子、可可椰子、檳榔椰子、棍棒椰子、酒瓶椰子、甘藍椰子、孔雀椰子、聖誕椰子、羅比親王海棗、臺灣海棗、銀海棗、壯幹海棗、加拿利海棗、三角椰子、糖棕、凍子椰子、網實椰子、魚尾椰子、油椰子。蒲葵、圓葉蒲葵、華盛頓椰子、壯幹棕櫚、棕櫚、扇椰子、霸王櫚、行李椰子、紅棕櫚、黃金棕櫚、圓葉刺軸櫚、斐濟櫚、龍麟櫚。
			6-2	叢生稈型	袖珍椰子、雪佛里椰子、叢立孔雀椰子、觀音棕竹、斑葉觀音棕竹、棕櫚竹、矮唐棕櫚、刺軸櫚。黃椰子、紅椰子、金鞘椰、叢立檳榔、細射葉椰子、馬氏射葉椰子、桃椰、山棕、水椰、水藤、黃藤、馬島椰子。
七	竹類	本類型外觀多呈現似草非草、似木非木的型態，亦即俗稱「竹子類」的各種禾本科竹亞科植物。	7-1	溫帶型	日本黃竹、稚子竹、稚谷竹、崗姬竹、孟宗竹、江氏孟宗竹、四方竹、人面竹、龜甲竹、八芝蘭竹、長毛八芝蘭竹、石竹、剛竹、空心苦竹、業平竹、裸籜竹、包籜箭竹、台灣箭竹、玉山箭竹。
			7-2	熱帶型	唐竹、斑葉唐竹、變種竹、桂竹、黑竹、麻竹、美濃麻竹、綠竹、鬚腳綠竹、蓬萊竹、蘇仿竹、梨果竹。短節泰山竹、泰山竹、佛竹、葫蘆麻竹、長枝竹、條紋長枝竹、黃金麗竹、蘇仿竹、金絲竹、鳳凰竹、紅鳳凰竹、紅竹、羽竹、斑葉稿竹、內門竹、布袋竹、烏葉竹、火管竹、金絲火管竹、銀絲火管竹、刺竹、林氏刺竹、南洋竹、暹羅竹、巨竹、印度實竹。
八	蔓藤類	其植栽主莖的生長點發達、頂梢具變異性且生長快速，多具有纏繞性或吸壁性或懸垂性、依附性…等性狀，使其容易攀爬、懸垂或依附之植物者。	8-1	常綠性	百香果、大果西番蓮、三角西番蓮、毛西番蓮、大鄧伯花、木玫瑰、煙斗花藤、黑眼花、木玫瑰、馨葳、菲律賓石梓、紫芸藤、珍珠寶蓮、紅萼珍珠寶蓮、星果藤、懸星花、大錦蘭。錦屏藤、絡石類、常春藤類、虎葛、雞屎藤、牽牛花、白花槭葉牽牛、槭葉牽牛花、金銀花、何首烏、跳舞女郎、魚藤、蝶豆花、洋洛葵、山洛葵。九重葛類、覆盆子、鶯爪花、軟枝黃蟬、紅蟬花、紫蟬花、大紫蟬、菊花木、錫葉藤、鷹爪花、多花素馨、山素英、非洲茉莉、貓爪藤、光耀藤。薜荔、越橘葉蔓榕、愛玉子。
			8-2	落葉性	多花紫藤、白花紫藤、黃花紫藤、炮仗花、蒜香藤、珊瑚藤、地錦、葡萄、山葡萄、使君子、凌霄花、洋凌霄、金杯藤、雲南黃馨、鐵線蓮。

	強剪適期 判斷通則	強剪適期之建議 季節期間	修剪要領 / 作業通則
	「生長旺季」萌芽期間內 得「強剪」	夏秋季間： 端午至中秋期間	1、平時維護於葉鞘分生處設水平 　　線「弱剪」 2、移植時得於葉鞘分生處設 45 　　度線「強剪」 3、修剪除葉時應順將既有的花苞 　　果實剪除 4、應適時將叢生稈者的新生分蘖 　　子芽株剪除
	「生長旺季」萌（筍）芽期間內 得「強剪」	春節前後一個月期間	1、老竹：於每節疏枝僅留存三至 　　五小枝分佈 2、老竹：每節留存小枝的基部新 　　生芽應摘除 3、每年遇有新筍萌發時即應進行 　　老稈剪除 4、新生竹：摘心控制新生竹稈的 　　高度 5、新生竹：摘芽控制新生分枝的 　　寬度 6、矮竹類：每年休眠期間應自地 　　面割除更新 7、老竹叢：每年休眠期間應將老 　　稈鋸除更新
		夏秋季間： 端午至中秋期間	
	「生長旺季」萌芽期間得「強剪」	春夏秋季間： 清明至中秋期間	1、主蔓旁生細小的枝葉芽應即時 　　剪除 2、枝葉過於突出或下垂者應剪除 　　平順 3、過於密集叢生分枝應進行疏枝 　　疏芽 4、開花後的花後枝及結果枝皆應 　　剪除 5、每三至五年間應進行更新復壯 　　返剪
	「休眠期間」即：落葉後至萌芽 前…得「強剪」。	冬季低溫期： 春節前後至早春萌芽前	

類號	性狀分類	定　義	項號	修剪應用分類	例舉常見植物
九	其它類	此將植物性狀或形態表現較難以歸類者，歸納為本類項。	9-1	蕨　類	山蘇花、捲葉山蘇花、鹿角蕨、兔腳蕨、崖薑蕨、臺灣金狗毛蕨、觀音座蓮蕨、大金星蕨、菲律賓金狗毛蕨、粗齒革葉紫蕨、東方狗脊蕨、台灣圓腺蕨、台灣桫欏、筆筒樹。玉羊齒、波斯頓腎蕨、鳳尾蕨、鱗蓋鳳尾蕨、傅氏鳳尾蕨、斑葉鳳尾蕨、星蕨、小毛蕨、海岸擬茀蕨、卷柏、過山龍、栗蕨、粗毛鱗蓋蕨、南海鱗毛蕨、鐵線蕨、扇葉鐵線蕨、長葉蕨、烏毛蕨、翅柄三叉蕨、海南實蕨、過溝菜蕨、石葦類、海金沙、富貴蕨、芒萁、木賊、大木賊、頂芽新月蕨。
			9-2	綜合類	象腳王蘭、露兜樹類、酒瓶蘭。萬年麻、龍舌蘭類、瓊麻、王蘭、銀道王蘭。蘇鐵類、國蘭類、東洋蘭類、西洋蘭類。
			9-3	多肉類	石蓮花、景天科植物類、蘿藦科植物類、番杏科植物類、仙人掌科植物類、大戟科植物類、百合科植物類、胡椒科植物類、馬齒莧科植物類、大蘆薈、日本蘆薈。翡翠木、雞冠木、到手香類、圓葉毬蘭、心葉毬蘭。落地生根、長壽花類、大葉景天、螃蟹蘭、樹馬齒莧。綠珊瑚、沙漠玫瑰、麒麟花、霸王鞭、彩雲閣、蜈蚣蘭、火龍果類、。
十	造型類	其主要是以喬木類及灌木類植栽，藉由修剪的技藝改變其生長造型，藉以增進觀賞價值與美感的作業者。	10-1	常見類型	適合「層型」造型修剪：榕樹類、龍柏、蘭嶼羅漢松、九重葛類。適合「錐型」造型修剪：垂榕、龍柏、蘭嶼羅漢松、九重葛類、小葉厚殼樹、胡椒木、黃葉金露花、象牙樹、長紅木、楓港柿。適合「球型」造型修剪：中國香柏、龍柏、矮仙丹、厚葉女貞、日本小葉女貞、銀姬小臘、黃葉金露花、蕾絲金露花、蒂牡花、月橘、杜鵑類、椰榆、小葉厚殼樹、胡椒木、長紅木。適合「綠籬」造型修剪：黃金榕、黃葉金露花、金露花、厚葉女貞、日本小葉女貞、月橘、銀木麻黃、大紅花、大花扶桑、仙丹花類、鳳凰竹、紅鳳凰竹、蓬萊竹。

	強剪適期 判斷通則	強剪適期之建議 季節期間	修剪要領 / 作業通則
	「生長旺季」 萌芽期間內得「強剪」	夏秋季間： 端午至中秋期間	1、於新芽萌生時再將老化莖葉剪除 2、適時將老葉及老株剪除以利更新 3、具樹狀外觀者可仿照喬木般修剪
	1、落葉性（針葉及闊葉）植物：宜擇「休眠期間」得「強剪」 2、常綠性（針葉）植物：宜擇「休眠期間」僅能弱剪、且不能「強剪」 3、常綠性（闊葉）植物：宜擇「生長旺季」萌芽期間（有長短期間之分）得「強剪」	1、冬季低溫期： 春節前後至早春萌芽前 2、冬季低溫期： 春節前後至早春萌芽前 3、春夏秋季間： 清明至中秋期間	1、平時維護於葉鞘分生處設水平線「弱剪」 2、移植時得於葉鞘分生處設45度線「強剪」 3、應依每次平均萌芽長度進行「弱剪」 4、花季後應剪除花後枝、結果枝及徒長枝葉 5、方型綠籬或花叢的邊角宜修成倒圓角狀

修剪基本原理6堂課

原理1 自然樹型的分枝構成規律性原理

　　植物存在於地球上的歷史比人類悠久，樹木的原生自然樹型及樹體結構，就是讓他可以免遭天災侵害的保障。

　　所以，樹木修剪後的樹型外觀，如果沒有尊重及依照自然樹型構造的「分枝構成規律性」來修剪，樹木將會難以獲得健康與美麗的成長，並且也會很容易的被颱風或季風所吹折斷落。

　　由於植物的莖部具有「分枝構成規律性」，由此可以產生兩大類的樹木外觀結構形態，其中一種是「開張主幹型」，另外一種就是「直立主幹型」，這兩種樹型都具有不同的抵抗風壓效應。

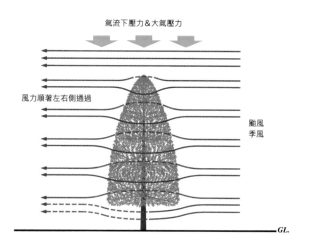

「直立主幹型」樹木抵抗風力示意圖

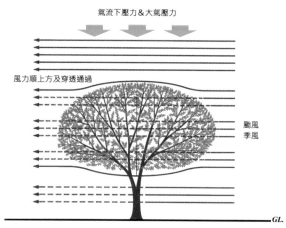

「開張主幹型」樹木抵抗風力示意圖

　　空氣水平流動所形成速度較快的強風，如果是碰撞到「開張主幹型」的圓球狀樹冠時，風會直接碰撞樹冠：一部分會直接碰撞或穿透樹冠層，另一部分碰撞後不能穿透樹冠層的強風，就會一些穿越樹冠頂上層後而下降形成下風壓，另一些則會穿越樹冠底下層，並碰撞樹幹部位而消減部分風力後，再形成向上的較弱風力，由於樹冠上方的氣流通過的比較多，因此可以形成向下壓力，這樣就能讓樹木受壓制而不會被吹走。

　　如果是碰撞到「直立主幹型」的錐橢形樹冠時，風會由樹冠的左右側錯開穿越而過，由於通過樹冠的左右側上方的氣流，仍然相較下方通過的氣流為多，因此可以形成向下壓力，如此就能讓樹木受壓制而不會被吹走。

　　樹木的莖部具有「分枝構成規律性」，由此產生「開張主幹」及「直立主幹」兩類自然樹型，其常見的有三種枝序樣式如下：

自然樹型三種枝序樣式圖

開張主幹互生枝序型圖

1. 開張主幹互生枝序型

常見植栽例如：榕樹、樟樹、山櫻花、柿子、水黃皮、玉蘭花、櫸木、豔紫荊等。

其主幹「頂端優勢」較弱，故頂芽生長勢亦弱，又因為下方互生的側芽節間較短，因此使各分枝與主幹間形成類似生長勢均等的「多領導主枝」狀態，並在各分枝的每一節上，相互分生一個生長方向不同的「互生」側枝，因此外觀呈現中央集中而向外開張的分枝規律型態。

開張主幹對生枝序型圖

2. 開張主幹對生枝序型

常見植栽例如：大花紫薇、青楓、台灣泡桐、流蘇、女貞類、麵包樹、番石榴等。

其主幹「頂端優勢」薄弱，故頂芽生長勢極弱，又因為下方對生的側芽生長勢強，因此形成兩枝頂端優勢均衡明顯的「雙領導主枝」狀態，並在各分枝的同一節上分生兩個相對生長方向的「對生」側枝，因此外觀呈現中央稀疏而向外密集開張的分枝規律樣貌。

青楓以自然式修剪後的樣貌。

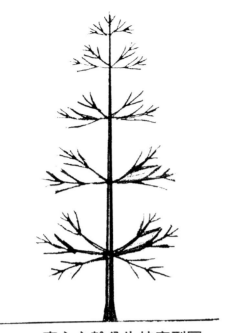

直立主幹分生枝序型圖

3. 直立主幹分生枝序型

常見植栽例如：楓香、木棉、黑板樹、小葉欖仁、大葉山欖、烏心石、黑松、雪松、竹柏等。

其主幹「頂端優勢」極強勢，因此頂芽生長勢強，故能年年繼續向上生長形成而成為明顯直立主幹型態的一個中央「單領導主枝」，並在主幹每一分層節上互生或對生或輪生側枝，而形成一層層如同螺旋狀或相對狀或輪生狀等分枝規律樣貌，所以整體外觀輪廓呈現近似圓錐型、尖錐型居多。

黑板樹屬於直立主幹分生枝序型，因此主幹筆直生長高大，但因樹冠層分生具有層層分明特性，因此能抵抗削減風壓阻力而生存。

基於樹木具有「分枝構成規律性」的原理，主幹自地表面向上生長時，會由「主幹」分生「主枝」，再由「主枝」分生「次主枝（亞主枝）」，逐漸分生開張形成樹冠外觀；且前述的「主幹、主枝、次主枝」是兼具樹木整體分枝構造組成支撐與養分水份供需輸送的重要構造部位，因此將此三者合稱為「結構枝」。

　　所以在進行樹木的：修飾不良枝修剪、疏刪修剪、短截修剪及結構性修剪作業時，更應該要善用「自然式修剪」維護其自然樹型所生長構成的外觀輪廓，並配合其「分枝構成規律性」的原理，留意「結構枝」於非必要的情況下，不得修剪去除。

　　這樣修剪所維護的樹木，才能具有抵抗大自然挑戰的能力，並且能依照其自然生成的方式，繼續健康又美麗的成長。

原理2 加粗加長發育形成生長枝序原理

我們看到大自然中的樹木可以一年一年的長大！並且也發現到：大多數的樹木是靠近地面的樹幹比較粗，愈上面的樹幹及枝條是比較細的，因此樹木的重心就會比較沉穩的落在下方，樹木這樣才可以安然地聳立於地面上，而不會輕易的被大自然的風雨所吹倒。

樹木一年一年周而復始的成長茁壯，是因為枝條可以每年進行「加粗生長」與「加長生長」。樹木的枝條能年復一年的生成一段固定的長度，再年年藉由此枝條延伸長出新的一段固定長度，因而使樹木也能不斷的增生長高、樹冠也能不斷的分生開展。

「加粗生長」是由木本植栽的形成層細胞進行不斷的分裂，向莖內分生成木質部，因此形成所謂的年輪，使枝條莖幹能年年不斷的加粗生長而變粗。

「加長生長」是由植栽的枝條頂芽與各側芽一同萌生新稍開始，一旦新梢發芽長成枝葉之後，其頂端亦會形成新的頂芽，這樣就又加長生長而伸長。

• 加粗加長發育形成原理圖

一年去枝（今年生枝）
加長生長（伸長）

A枝
C枝
B枝

C芽
A芽
B芽

一年後

二年生枝（去年生枝）
加粗生長（變粗）

若由外部來觀察樹木，即可明顯的看出：枝條具有每年增生一段，且每年繼續成長一定的長度，藉此分生組構成為「生長枝序」的型態；透過觀察推算樹木的每年生長枝序的數量，就可以進行樹木年齡（樹齡）的推估計算，這種方式亦稱

生長枝序推估樹齡法簡圖

　　正因為樹木具有每年「加粗加長發育形成生長枝序」的原理，我們透過鑑別樹木一年一年生長枝序的變化，以這個外觀形態來加以協助進行樹木的健康檢查診斷，不僅可以確認樹木的年齡（樹齡），更可以了解這株樹木在這段時間歷程中所遭遇到的生長與健康情況、從旁也可以了解這株樹木在這個地區環境的生長過程是否是正常的或是有所不適。

　　在樹木的修剪上也要了解「加粗加長發育形成生長枝序」的原理，配合樹木的重心來調整樹型的生長及構成、樹冠的分生比例…等，這樣才能讓樹木整體有一個穩固的構造及合理的樹冠造型。如此也能讓樹木聳立在地面上永續生長，且能有效的抵抗大自然的風雨災害。

推估判斷 1 自中央頂梢依每年枝序往下推估

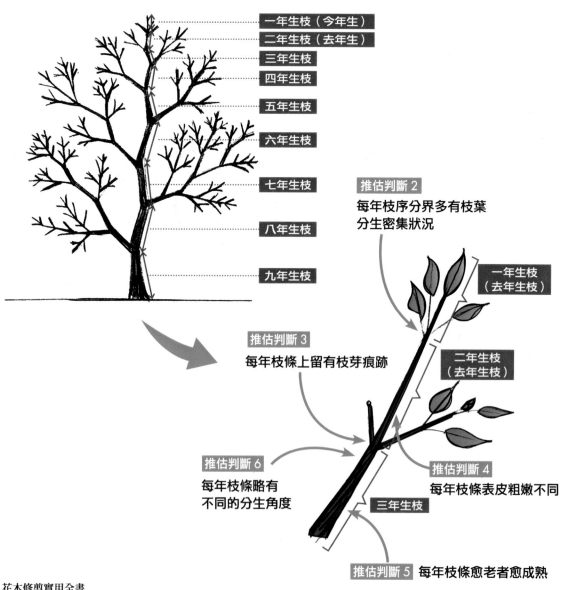

一年生枝（今年生）
二年生枝（去年生）
三年生枝
四年生枝
五年生枝
六年生枝
七年生枝
八年生枝
九年生枝

推估判斷 2
每年枝序分界多有枝葉
分生密集狀況

一年生枝
（去年生枝）

二年生枝
（去年生枝）

推估判斷 3
每年枝條上留有枝芽痕跡

推估判斷 6
每年枝條略有
不同的分生角度

三年生枝

推估判斷 4
每年枝條表皮粗嫩不同

推估判斷 5 每年枝條愈老者愈成熟

觀察「生長枝序」判斷生長情況實例

　　這株木棉在剛剛種植時是六年（1~6 年生）樹齡，由於移植當時已經切斷根部而無法提供更多的水分與養分，因此在此位置的第一年（7 年生）生長的仍屬正常。

　　當木棉在此持續生長下，因為感受到被建築物的高度所遮蔽的日照量不足，因此在此位置的第二年（8 年生）到第四年（10 年生）就積極而違反一般逐漸生長的速度與層次的快速生長以獲得被建築物所遮蔽的日照量。

　　最後在木棉樹冠已經長到高出屋頂的高度時，為了避免此（竹北）地區強風吹襲有倒伏的風險，因此木棉開始節制生長，逐漸恢復年年漸次加粗加長的生長方式，繼續生長六年（11~16 年生）為現今圖片實況。

　　至今（2020）樹齡 24 年，生長良好。

修剪後

原理 3 破壞頂端優勢促使萌生多芽原理

　　樹木為什麼有的長得很瘦高？有的卻是長得很寬大？或矮矮的？為什麼樹木被剃光頭之後，還是會繼續的長高？或長胖？為什麼同樣一種樹木可以因為修剪而長得瘦瘦高高的？有的就長得圓圓胖胖的？

　　這些都是樹木具有「頂端優勢」原理作用所造就的。

　　而所謂的「頂端優勢」(apical dominance) 也稱為「頂芽優勢」就是：木本植物的樹梢頂端部位具有養分與水份的最大競爭優勢，因此在生長上亦具有相對的強勢可以優先生長，並且也對側芽的萌發或側枝的生長有其抑制作用，並影響側芽或側枝的生長角度。

　　因為樹木具有「頂端優勢」，所以樹冠皆能逐漸向上生長、分枝構成也能向天際間發展；但是如果將樹木截頂打梢破壞了樹木的第一頂芽（主芽）「頂端優勢」，這樣一來樹木就會由斷梢處的第二潛（副）芽、第三（副）潛芽、第四依序的或更多潛芽，將會蓄勢待發、開始萌芽生長，並積極的意欲替代原先具有「頂端優勢」第一頂芽（主芽）的地位與生長優勢，因此若繼續生長，這樣的樹型就會顯得開張而分散了。

　　在自然情況下一般而言，針葉系樹種的「頂端優勢」極強，具有明顯的中央領導主枝，因此外觀多呈現尖錐型的樹冠；而闊葉系樹種的「頂端優勢」較弱，故不具有明顯的中央領導主枝，因此外觀多呈現開張狀的圓球型樹冠。

（右）落羽松具有正常的中央領導主枝。
（左）落羽松中央領導主枝遭破壞後形成雙頂梢。

我們利用「破壞頂端優勢促使萌生多芽」的原理，也可以特意將「直立主幹型」的樹種修剪成「開張主幹型」。也可以經由「造型修剪」不斷的特意破壞樹木的末梢頂芽，而使他長得更密集、更有造型。也可以將樹形略顯瘦高的…漸漸修剪成較圓胖，樹冠較稀疏的…漸漸修剪成較密集。

由於樹木具有「頂端優勢」的原理，而且隨著樹木年齡愈年長愈老，樹木的「頂端優勢」也會愈加薄弱，因此樹木的成長及生長高度其實也是很顯著的受到「頂端優勢」而有所限制。當然，也會受到栽培管理方式與環境風土適應性等因素所影響。

所以，當樹木到了一定的樹齡時，就會有成長緩慢、或是生長近似停頓的現象，因此其生長高度均有一定的限度，他不會漫無止境的生長到「天庭」上去。因此在修剪的應用上，應該避免修剪植栽的「頂梢」，並且萬萬不可以實施「截頂」與「打稍」的修剪方式，因為樹木具有「破壞頂端優勢促使萌生多芽原理」，一旦「頂端優勢」遭到破壞後，頂芽便會競相萌發、上端分枝會竄生，對於要維護單一或多重的中央領導主枝型態的樹木而言，將會逐漸產生樹型的變形，也會嚴重的影響植栽品質與外觀美感。

● 破壞頂端優勢促使萌生多芽原理圖

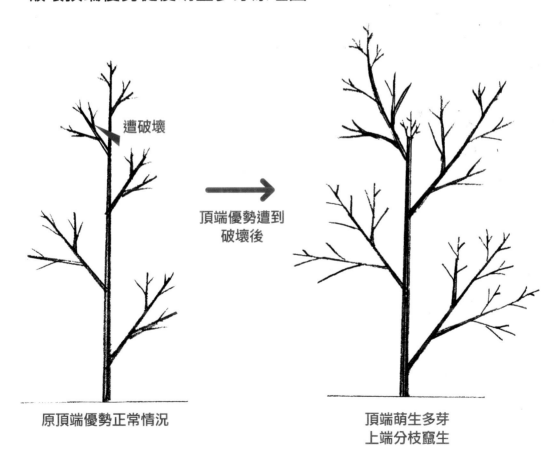

遭破壞

頂端優勢遭到
破壞後

原頂端優勢正常情況

頂端萌生多芽
上端分枝竄生

藉由「破壞頂端優勢促使萌生多芽」的原理，其實也是一種「抑制」頂端優勢而「促成」側枝側芽的生長，所以也是一種：抑制與促成的修剪方式；這樣對於需要：控制枝條分生方向、促進萌發多分枝、營養供需調節、調控枝條疏密程度等，皆能藉此原理產生莫大的效果。因此在修剪作業應用上，經常用來實施：短截修剪、造型修剪、補償修剪、更新復壯返回修剪、結構性修剪。

　　「破壞頂端優勢促使萌生多芽」的原理運用，往往是一體兩面的雙刀刃，如果做得好會有往好的發展，如果用錯了將會破壞樹木的自然生長，因此在運用時應該好好掌握其分際。

● 直立主幹樹型「自然式修剪」改善示意圖

正常頂稍

無須處理
依照「修剪四要」繼續維護管理

沒有頂稍

摘心短截

每一側稍須摘心短截以
促使頂芽萌發生長

強勢頂稍

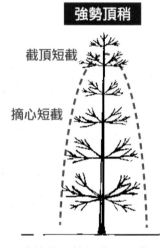

截頂短截

摘心短截

強勢的頂稍須截頂短截
頂層側稍則順樹型短截

弱勢頂稍

摘心短截

弱勢的頂梢無須處理
每一側稍須摘心短截

多發頂稍

截頂去截
僅留一稍

摘心短截

僅留一頂梢並摘心短截
頂層側梢則順樹型短截

• 小葉欖仁—直立主幹自然樹型「修剪改善」圖例

符號說明

Ⓐ 進行樹體內不良枝判定修剪 　　Ⓒ 進行樹冠輪廓「短截」修剪

Ⓑ 進行樹冠內部「疏刪」修剪 　　Ⓓ 等待枝葉萌生補滿樹冠

原理4 修剪頂芽側芽改變生長角度

　　樹木的枝條通常會依循著自然樹型的「分枝構成規律性原理」有其生長的角度方向，並且每年「加粗加長發育形成生長枝序」，因此逐漸構成各個獨具特色的樹型。

　　一般如果要改變原先枝條生長的角度方向，或者想要改變樹木自然生長的樹型，通常可以運用在盆景製作方法中常用的方式，以鎳鎘鐵線或銅線或竹木支架或繩索拉撐固定枝條樹幹藉以造型，如此經過一段時間後就可以使其木質部與韌皮部成熟之後即可解開，這樣就可以達成樹木改變其生長的方向角度及造型的結果。

● 修剪「頂芽」改變生長角度原理詳圖

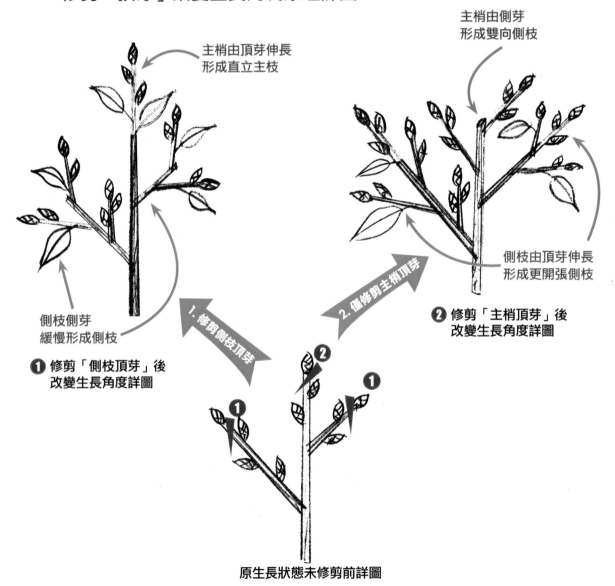

主梢由頂芽伸長
形成直立主枝

主梢由側芽
形成雙向側枝

側枝側芽
緩慢形成側枝

1. 修剪側枝頂芽

2. 僅修剪主梢頂芽

側枝由頂芽伸長
形成更開張側枝

❶ 修剪「側枝頂芽」後
改變生長角度詳圖

❷ 修剪「主梢頂芽」後
改變生長角度詳圖

❷
❶

原生長狀態未修剪前詳圖

除此之外，還有一種更自然而無害的方式，更可以輕鬆有效的改變樹木枝條生長角度與造型的做法，那就是運用「修剪頂芽側芽改變生長角度」的原理，來進行修剪的控制與管理。

也就是修剪時，首先要考量枝條末梢的「頂芽」與其下方的各「側芽」生長角度，利用適當留存頂芽或側芽的不同生長角度方向，即能藉由其後續萌發生長時，朝向我們所計畫的角度方向去生長。

運用「修剪頂芽側芽改變生長角度」的原理，可以促使：分枝合理化的構成、控制枝條的疏密程度、調整樹勢發展、植栽造型利用…等。因此在修剪作業應用上，經常用來實施：短截修剪、造型修剪、更新復壯返回修剪、結構性修剪。

● 修剪「側芽」改變生長角度原理詳圖

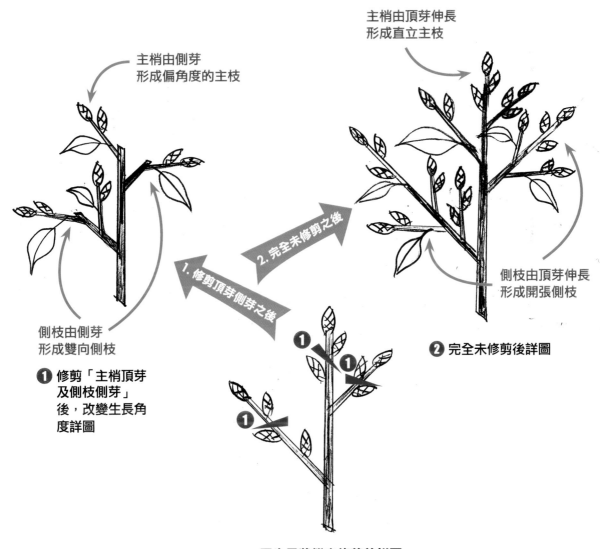

主梢由側芽
形成偏角度的主枝

主梢由頂芽伸長
形成直立主枝

2. 完全未修剪之後

1. 修剪頂芽側芽之後

側枝由頂芽伸長
形成開張側枝

側枝由側芽
形成雙向側枝

❶ 修剪「主梢頂芽及側枝側芽」後，改變生長角度詳圖

❷ 完全未修剪後詳圖

原生長狀態未修剪前詳圖

原理 5 強枝可強剪及弱枝宜弱剪的原理

　　為什麼有些樹木一旦修剪就會死掉？有些樹木就是胡亂修剪也不會死掉？為什麼有些樹木強剪也不會死掉？或者有些樹木稍微弱剪就會死掉？這些是為什麼呢？其實這些都和「強枝可強剪及弱枝宜弱剪」的原理有關。

　　那麼甚麼是「強枝」？「強剪」？甚麼又是「弱枝」？「弱剪」呢？
樹木的品種繁多且其原生環境分布在全世界各處，因此當樹木被栽培在非原生環境的地區時，其對於環境風土的喜惡程度也會表現出相對的差異度，而且樹木在不同的地區或季節或因栽培管理措施的不同，在其生長期間的表現也會不同，包含成長的速度與生長勢的強弱皆會有所不同。

　　「強枝」所指的就是：樹木正處於「生長旺季期間」或是「休眠期間」的枝條，或是呈現「生長勢強」或是枝條粗壯、枝條長度較長、具有成熟的頂芽或側芽的特徵者。

　　「弱枝」就是指：處於「非生長旺季期間」或「非休眠期間」的枝條，或是呈現「生長勢弱」或是枝條細小、枝條長度較短、沒有明顯的頂芽或側芽的特徵者。

　　當正在進行修剪作業時，如果正處於「生長旺季期間」或是「休眠期間」，此時若是遇到「強枝」時，就可以施以「強剪」（亦稱為「重剪」或「深剪」），藉以強制促成養分與水份的轉移至下方的潛芽位置，讓原先強枝的生長暫時停頓，藉以抑制強枝的生長，並會誘發潛芽萌發而形成側枝；由於「強枝」的營養與水分競爭力強，因此進行「強剪」後也不會損傷它的生長勢。

● 強枝進行「強剪」後之生長詳圖

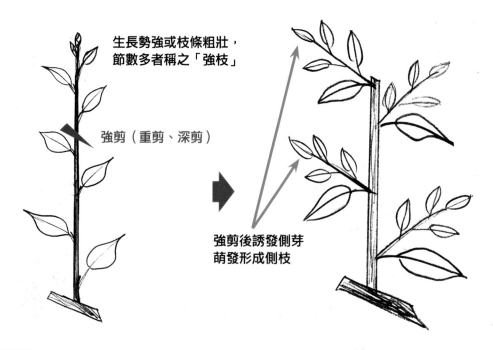

生長勢強或枝條粗壯，
節數多者稱之「強枝」

強剪（重剪、深剪）

強剪後誘發側芽
萌發形成側枝

假若正在進行修剪作業時，如果正處於「非生長旺季期間」或「非休眠期間」，此時若是遇到「弱枝」時，就應該施以「弱剪」（亦稱為「輕剪」或「淺剪」），藉由促使刺激修剪處的潛芽以順利萌發生成新枝，此亦能使細小弱枝能避免養分水份的分散，進而加速「加粗加長發育」的作用能漸漸轉強。

● 弱枝進行「弱剪」後之生長詳圖

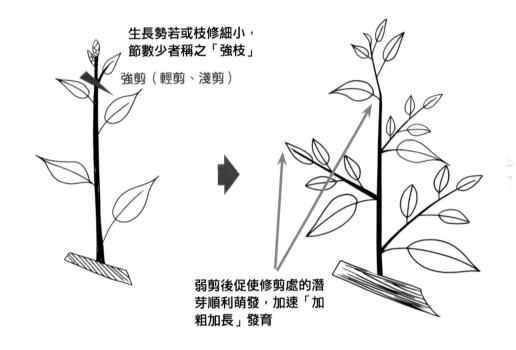

生長勢若或枝修細小，
節數少者稱之「強枝」

強剪（輕剪、淺剪）

弱剪後促使修剪處的潛芽順利萌發，加速「加粗加長」發育

換言之，如果在樹木所對應的季節是對的適期時間裡，亦稱之為：「強剪適期」進行「強剪」，就不會影響樹木的生長存活。但如果是在季節適期都不對的時間裡，亦稱之為：「非強剪適期」進行「強剪」，那麼就會影響樹木的生長存活；但是如果僅僅進行「弱剪」，則不會影響樹木的生長存活。

因此，修剪作業時應該要選擇在「強剪適期」進行「弱剪」為宜，非必要不要「強剪」。倘若一定需要進行「強剪」時，則必須要選擇在「強剪適期」內進行作業。

總之，平時皆可以進行「弱剪」，但是「強剪」一定要在「強剪適期」內作業；如果可以選擇在「強剪適期」內進行「弱剪」作業更好！這也是在籌劃修剪計畫時的基本認知。

所以，我們可以運用「強枝可強剪及弱枝宜弱剪」的原理，應用實施在：短截修剪、造型修剪、更新復壯返回修剪、結構性修剪。

由於以上的修剪方式也經常會對於樹木會修剪去除大量的枝葉或結構枝…等，可能會有較大的破壞性，所以是屬於一種「強剪」的方式；因此在修剪作業時，必須要盡量選擇在「強剪適期」內作業為宜。

原理 6 基部老葉修剪促進花芽分化原理

　　植物的生存之道，在於根、莖、葉的緊密連繫與作用下而展開「營養生長」，並不斷的增生、成長，促進了花、果實、種籽的「生理（亦稱為：生殖）生長」，藉此持續成長與茁壯；因此，植物的六大器官：根、莖、葉、花、果、籽，皆關係著「營養生長」與「生理生長」作用的運行。

● 植物六大器官功能作用圖

❶「根部」（Root）

1、支持植物體的莖葉花果籽器官著生。
2、輸送水分與無機鹽類和有機養分。
3、儲存水分與無機鹽類和有機養分。
4、具有根壓以協助水分蒸散與輸送作用。
5、具有呼吸作用以進行氣體交換作用。

❷「莖部」（Shoot）

1、是植物體連接根和葉的部位。
2、能支持葉花果籽器官。
3、具有生長點能伸長衍生構造體。
4、能輸送水分、無機鹽類、有機養分。
5、儲存水分與無機鹽類和有機養分。
6、進行少量的光合作用與呼吸作用。
7、調節與進行水分蒸散作用。

❸「葉部」（leaf）

1、儲存水分與無機鹽類和有機養分。
2、進行水分的蒸散作用。
3、進行光合作用與呼吸作用。

❹「花部」（flower）

1、進行開花、授粉、受精。
2、後續進行結果。

❺「果實」（fruit）

1、儲存水分與無機鹽類和有機養分。
2、保護及孕育種子成熟。
3、幫助種子散播進行繁殖。

❻「種子」（seed）

1、儲存水分與無機鹽類和有機養分。
2、可經種植而繁殖後代。

樹木的修剪，即是針對植物的六大器官進行去除的動作，並且改變了其相互關係與位置，也因此會影響植栽體內營養的分配與蓄積，所以「（根、莖、葉）營養生長作用」與「（花、果、籽）生理生長作用」有其緊密的相互牽動連結關係；透過修剪作業就是要對此情況進行調整與控制，修剪後的莖、葉部也會因此喪失其功能與作用，並且在莖部的傷癒組織形成而開始產生「癒合作用」並且與自然界的腐朽菌之「腐朽作用」開始對抗。

　　樹木生長一段時間之後，其枝條將會不斷的增生發育，如果一直都沒有適當進行修剪時；一般而言，枝條分生處的基部常會有宿存的老葉或小枝芽，這些宿存的老葉或小枝芽由於其位於枝條分生的重要部位，因此常會藉由佔地利之便而先行吸收輸送到這裡的養分水份，進而影響上部枝條的養分水份之分配與蓄積，如此一來就會造成：開花結果植栽的不開花或開花不良與結果不佳、或是開花或結果尚未完成就產生落花或落果現象、或是枝葉茂密而遮蔽光線造成樹冠的陰暗…等一連串的不良現象。

● 植物六大器官生長關係圖 圖例說明

1 　**根部**　支持作用&營養吸收蓄積

2 　**根部**　根壓作用：輸送水分養分

3 　**莖部**　支持作用&輸送水分養分

4 　**葉部**　光合作用：產生醣分、吸收CO_2、釋放O_2

5 　**葉部**　蒸散作用：水分子吸引蒸發

6 　**葉部**　呼吸作用：吸收O_2、釋放CO_2

7 　**花部**　生理作用：營養消耗

8 　**花部**　日照量：影響花芽分化

9 　**果實**　生理作用：營養消耗&蓄積

10 　**種籽**　生理作用：營養消耗&蓄積

11 　**種籽**　生理作用：萌芽發育營養消耗

12 　**修剪**　抑制生長or正常癒合or蟻害腐朽

　　因此修剪作業上，應適當運用「基部老葉修剪促進花芽分化」的原理，藉由修剪去除枝條基部宿存老葉與小枝芽，能減少養分水份的浪費，且能避免妨害養分水份的輸送、分配與蓄積，亦能使樹冠內部增加採光與通風，因此增加樹冠內部的日照量，使樹冠內部的枝葉之光合作用效能提升、增進醣類養分的轉化儲存利用，如此就能促進花芽分化作用，而使植栽開花結果能正常發展。

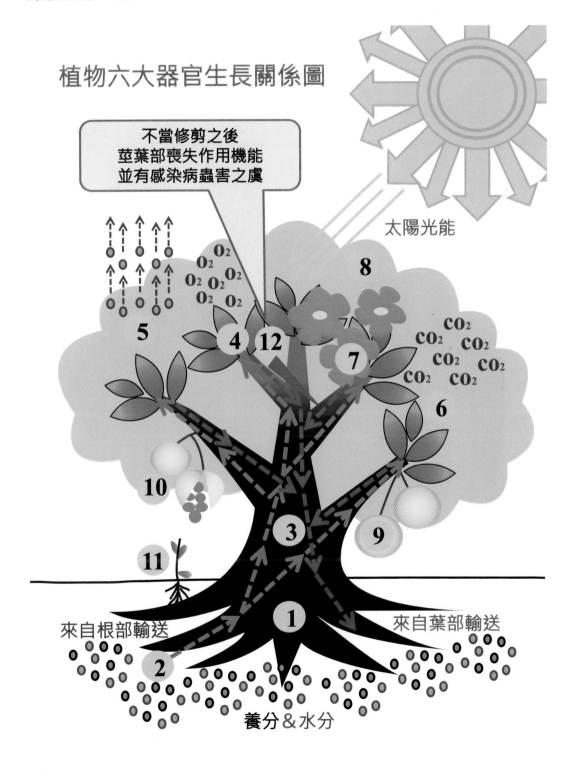

植物六大器官生長關係圖

不當修剪之後
莖葉部喪失作用機能
並有感染病蟲害之虞

太陽光能

養分&水分

來自根部輸送

來自葉部輸送

運用「基部老葉修剪促進花芽分化原理」所進行的修剪作業，稱之為：「基部老葉修剪」作業方法是將枝條基部約 1/3～1/2 的葉部全數剪摘去除的方式；透過「基部老葉修剪」的方式，可以使一直不開花的白玉蘭、或一直無法開花而結果的芒果⋯等觀花植栽或果樹，也能夠在短期間內促進花芽分化而使其能夠開花與結果發育正常。

　　如果計算好修剪後的萌芽、開花、結果等時程，也可以藉此進行改變開花週期及實施果實的產期調節。這些對於發展精緻化園藝、果樹經濟生產者而言，也是一項重要的作業技術工作。

● 基部老葉修剪促進花芽分化詳圖

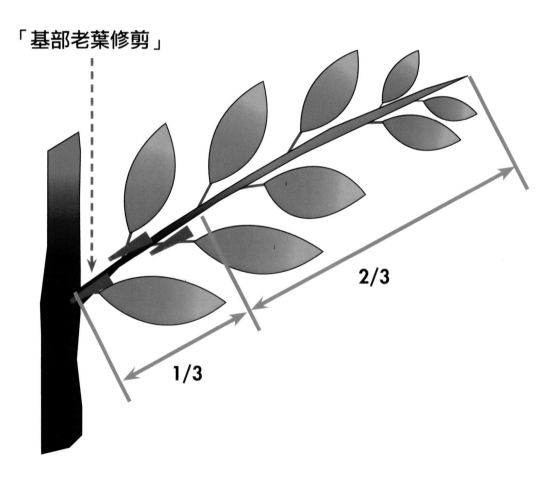

「基部老葉修剪」

2/3

1/3

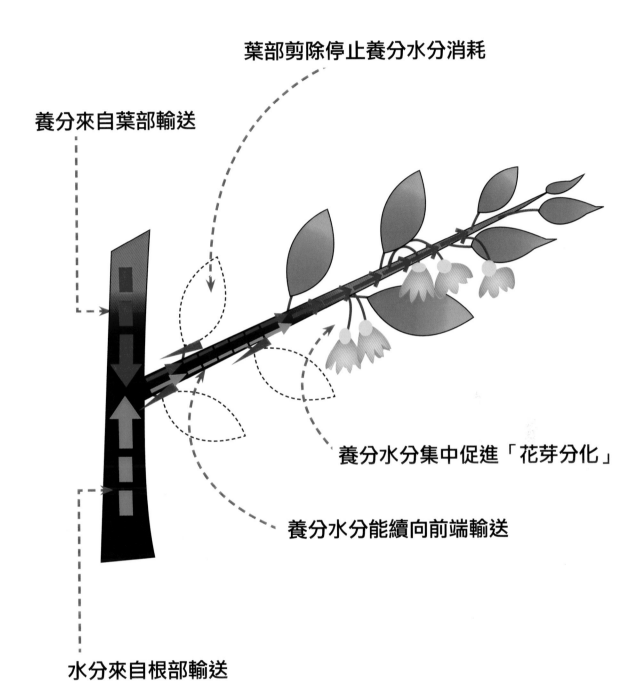

葉部剪除停止養分水分消耗

養分來自葉部輸送

養分水分集中促進「花芽分化」

養分水分能續向前端輸送

水分來自根部輸送

Part

2

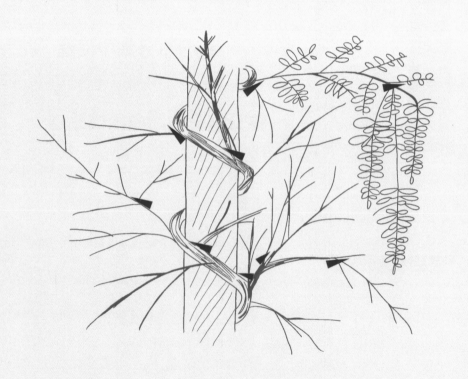

HOW
如何修剪？

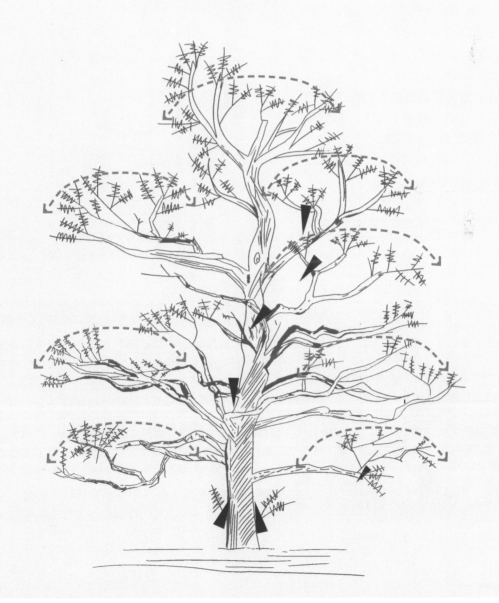

修剪入門的五項利器

　　修剪時，每動一刀都可能對植栽造成助益或是傷害，因此修剪時一定要用心也要細心。

　　修剪利器除了運用智慧及萬能的雙手以外，筆者在此推薦以下常備的五項利器。

必備利器1／心

　　植物雖然不會言語，但是和人類一樣具有無可取代的生命，因此進行修剪工作時，筆者相信萬物有靈、草木亦然，對於花木修剪如同人類施行手術一樣必須謹慎用心，如果一定要做，一定要做對！心存善念，持尊重自然生命的態度來從事修剪工作。

使用上需注意：修剪事先應詳加了解該項植栽的生長特性，選擇正確適當的時期。在修剪當下保持用心、細心、小心，務求正確的修剪方法，如此才會對植栽未來的成長有所助益。

　　「萬物有靈、草木亦然，心存善念、福報立顯」，如果一定要修剪！一定要做對！

必備利器 2／手

　　修剪作業雖然常要運用刀剪工具，才能夠將枝條修剪或切除，但是也有許多的修剪方式其實能使用萬能的雙手，將會更靈巧與便利。例如進行花草盆栽的摘心、摘芽或摘蕾，可以拇指與食指捏住轉折即可；又如進行黑松的摘葉，可以用手指緊扣住樹枝後再向下抓捻拔除針葉。因此，輕巧的雙手也是修剪工作不可或缺的一項利器。

使用上需注意：對於不容易抓捻拔除的葉、芽、花、果，請勿勉強施力拔除彎折，以免損傷枝條的芽眼及表皮。

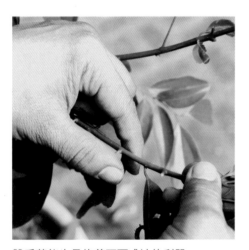

雙手萬能也是修剪不可缺的利器。

必備利器 3／剪定鋏

　　剪定鋏是修剪必備的第一把刀，輕巧好攜帶，可針對植物器官的組織細部位置，進行較細膩的修剪。

使用上需注意：

1. 剪定鋏的刀柄大小要選擇符合手部大小的規格。

2. 操作上扣環要收起且不可用反握的方式進行修剪。

3. 修剪時應適當以刀刃或刀唇面貼順著枝條方向進行剪除。

4. 枝條約大於 1cm 以上的，不要強行使用剪定，以免損害工具。

刃刃

刀唇

佩帶手套工作較為安全。

必備利器 4／修枝剪

　　「修枝剪」是修剪必備的第二把刀，具有兩支單柄的單邊刀刃以 X 對向交叉的組合構造，可以手持進行綠籬、花叢、造型植栽等較大幅度的修剪。由於修枝剪是大幅度的修剪，所以修剪後的枝葉需以前述的剪定鋏再巡視一遍，以使傷口平整、整體姿態完順。

使用上需注意：

1. 切勿以雙手同時握持把柄、並以兩手同時施力的動作進行夾剪。

固定受力方

剪除方向

握持施力方

修枝剪的手持作業方式要正確，才不會造成職業傷害。

2. 正確使用方式若以慣用右手者而言，應以慣用的右手作為施力方，而以左手作為受力方，持柄控制修剪的上下高度、左右位置、翻轉角度，再以右手持柄夾靠施力於左手柄上，如此將能練就精準的刀工技巧，使修剪的成效大為提升。

必備利器 5／切枝鋸

　　「「切枝鋸」是修剪必備的第三把刀，可分為直鋸及折鋸兩種型式，皆具有握柄與鋸齒般的刀刃構造組合，可進行較大樹幹或堅硬枝條的整修、切枝、鋸除，由於切鋸枝條較吃力，須考量自身體力能否負擔，再選擇合乎個人使用的切枝鋸。

使用上需注意：

1. 勿以小鋸子修剪大樹，以免大樹夾斷鋸片而飛射傷人。

推鋸不用力

拉鋸用力

2. 所謂安全的使用切枝鋸，應以切枝鋸的鋸刃長度之1/2 做為可切鋸枝條樹幹的最大直徑範圍之極限；例如：30CM 鋸刃的切枝鋸，僅能切鋸直徑15CM 以下的枝幹，若以其切鋸達 18CM 粗細的枝條，則是不安全的錯誤使用方式。

3. 在切鋸的施力上，應以七分力拉鋸，以三分力推鋸，如此反覆推拉切鋸有其節奏韻律為佳。

其他常用的修剪作業工具

高枝剪

油電鏈鋸

高枝鋸

油電高枝鏈鋸

油電修籬機

自製伸縮指示桿

雷射光筆（綠光）

三腳梯

A 梯

拉梯

高空作業車

電動升降機

油電吹葉機

可調式齒耙

畚箕、垃圾袋等清潔用材料

電動碎木機

花木植栽常用修剪工具一覽表

修剪作業類別		工具材料品名	修剪作業應用	操作要領
剪定	手動	剪定鋏	摘心、摘芽、摘葉、修葉、剪枝、摘蕾、摘花、摘果	應以手指間的虎口部位含握上把手，其餘手指反握下把手，在修剪時應靈活進行轉向，盡量以刀刃貼著修剪位置貼剪，如此較能剪定準確使傷口平整。
		芽切剪	摘心、摘芽、摘葉、修葉、摘蕾、摘花、摘果	由於芽切鋏的兩支把手呈現對稱與相同，因此可以手指間的虎口部位含握一把手，其餘手指反握另一把手即可，在修剪時應注視刀刃尖端以準確的進行修剪。
		剪刀	摘葉、修葉	進行修剪葉部時，握持剪刀修剪的方向，可以自葉柄處向葉尖處的方向進行修剪，並配合葉部形狀修剪。
		高枝剪	摘心、摘芽、剪枝	可以一手握住伸縮柄，並以手指輕輕含握拉繩中段，另一手則握持拉繩把手部；修剪時以彎狀刀唇可先套入枝條，再順著移動到適當位置後即可拉繩剪斷枝條。
		切枝剪	剪枝、剪除棕櫚植物葉鞘	其刀刃處形狀像似剪定鋏，但雙柄形同修枝剪，因此修剪時應配合修剪切枝方向，適當的拿握把柄以利修剪，且應以刀刃開口中段大小為最大切剪範圍。
		採果剪	摘花、摘果	採果剪形似高枝剪，但其桿柄較細小、且刀刃處似剪定鋏、另一端則有把手可藉以壓握進行修剪，修剪後刀刃部位有一夾刃，可將果柄夾住而不掉落的順利採摘。

選購要點	草本花卉	觀葉類	灌木類	喬木類	竹類	棕櫚類	蔓藤類	地被類	其他類	造型類
應配合個人修剪慣性選擇 A 型（較呈直立型）或 F 型（較具曲線型）的款式，並配合手部大小選擇長短適合的規格，常見規格有長度 180mm 及 200mm。	●	●	●	●	●	●	●	●	●	●
配合個人的手部大小選擇長短適合的規格即可，刀刃材質有鍛造、鐵製、不銹鋼；把手有塑膠、鍛造、不鏽鋼；可適當選用。	●	●	●		●		●	●	●	
應配合修剪葉部的大小，選擇刀刃長短適中的剪刀形式；長期作業時亦須配合手部大小，選擇適當規格使用。	●	●	●	●	●		●	●		●
目前常用的有二段及三段的伸縮桿形式，總長度約 2.5M ～ 3.5M 的形式居多，有的附有鋸片，可自行固定於桿端以供作高枝鋸使用。				●	●	●	●			
應考量作業時間的長短與頻度，選擇重量適當的材質與規格產品，切枝剪亦有附油壓形式可較省力操作，惟價格較高、重量亦較重。				●	●	●	●	●		●
其製品的長度不一、有的有伸縮桿、有的無法伸縮，可配合採果作業的高度來選擇適當規格產品使用。				●				●		

修剪作業 類別		工具材料 品名	修剪作業應用	操作要領
剪定	手動	**修枝剪**	修葉、剪枝	應以一手握住一柄固定為受力處，並以一手握持一柄作為修剪的施力方，受力處的手部可以配合高低、方向、位置做轉向操作，施力方則可順向進行修剪。
	機動	**油電修籬機**	修葉、剪枝	修剪時應避免勉強的修剪粗枝以免刀刃受損，並且應握持穩定平順定速的進行修剪。本項分為燃油與電池動力兩類型，燃油型：應留意潤滑機油與動力油料的配比適當適當及足夠，並適時檢查清潔火星塞；電池型：應留意替代電池之補充及更換。
整枝	手動	**切枝鋸**	剪枝	應以手部緊握切枝鋸的把手，朝向切鋸位置以「輕推、順拉」的方式，反覆動作即可順利切鋸下刀；操作時應以鋸刃長度的 1/2 為切鋸的最大切鋸範圍以維護安全。
		高枝鋸	剪枝	可以一手握住伸縮柄上方，一手則握持伸縮柄的下方，在操作的一開始採取「輕拉、輕推」再逐漸「重拉、輕推」，藉由上下拉鋸方式進行切鋸枝條樹幹。
	機動	**油電鏈鋸**	剪枝	使用前均應注意鏈鋸部的鬆緊程度並適時調校，修剪時應握持穩定、緩慢前後移動的下壓切鋸。本項分為燃油與電池動力兩類型，燃油型：應留意潤滑機油與動力油料的配比適當適當及足夠，並適時檢查清潔火星塞；電池型：應留意替代電池之補充及更換。
		油電 高枝鏈鋸	剪枝	使用前應注意鏈鋸條的鬆緊程度並適時調校，伸縮桿卡榫要固定後，才能啟動進行修剪切鋸。本項分為燃油與電池動力兩類型，燃油型：應留意潤滑機油與動力油料的配比適當適當及足夠，並適時檢查清潔火星塞；電池型：應留意替代電池之補充及更換。

選購要點	草本花卉	觀葉類	灌木類	喬木類	竹類	棕櫚類	蔓藤類	地被類	其他類	造型類
修枝剪的刀刃與把手之材質極多，把手亦有長短不一或有無伸縮的型式；建議初學者選擇：重量適當、好握持、短柄式、長刀刃……等四項作為初學時選擇工具要領。			●	●	●		●	●	●	●
目前以進口製品居多，且刀刃為鋼鐵或不銹鋼製為主，機身輕重亦有所不同。應考量作業時間的長短與頻度，選擇重量適當的材質與規格品，以利作業之舒適。			●				●	●		●
切枝鋸可概分為「固定把手鋸」與「彎折把手鋸」兩種鋸型；須注意在選用「折鋸」時應考量鋸片不要太薄，並且不要用於粗大樹幹的切鋸使用，以免發生斷裂危險意外。			●	●	●	●	●		●	●
目前常用的固定桿與伸縮桿形式，刀片亦可供更換使用，總長度約自 2.5M ～ 6M 的形式居多，可配合要修剪植栽的高度來選擇適用規格。				●		●			●	●
目前以進口製品居多，且鏈鋸條的刀刃為鋼鐵製為主，鋸片長短、機身輕重亦有所不同；故應考量作業需要，選擇鋸片長短適中、大小重量適當的規格，以利作業需要。				●		●			●	●
目前以進口製品居多，且鏈鋸條的刀刃為鋼鐵製為主、伸縮柄長短段數、機身輕重亦有所不同；故應考量作業需要，選擇長短適中、大小重量適當的規格。				●		●			●	●

修剪作業類別		工具材料品名	修剪作業應用	操作要領
高空	手動	三腳梯	高空作業輔助設備	使用上應先將兩梯腳水平固定後再將伸縮支撐桿往後拉至左右均衡的開張對稱角度，並將鏈條拉緊固定於掛勾上，由側邊觀察梯具應呈現 A 字對稱狀態，續將梯子末端繩索綑綁固定，以上均完成作業後才可以進行攀爬作業。
		A 梯	高空作業輔助設備	使用上應先將梯子拉開成左右均衡的開張對稱角度，並且應平穩放置固定後，再由一人負責扶持穩定，才可以讓作業人員攀爬進行修剪。
		拉梯	高空作業輔助設備	應先將梯子移至所要修剪的位置，再拉升梯子靠向足以支撐整體重量的枝幹位置，並將兩梯腳平穩放置固定後，續將梯子末端繩索綑綁固定，即可進行作業。
	機動	高空作業車	高空作業輔助設備	高空作業車在使用前應慎選適當的固定車輛站立位置，四向張腳固定穩定後，才可啟動其油壓伸縮桿的長度與高度；修剪時應配合現場指揮、相互協調進行作業。
		電動升降機	高空作業輔助設備	升降機在使用前應移至適當的固定車輛站立位置，並且應將四向張腳固定架設穩定後，才可啟動其油壓伸縮桿升高其高度或角度；修剪時應配合調整站立位置作業。
指示	電動	雷射光筆	修剪作業溝通指示用	使用前應備妥電池，以免電力匱乏；使用時則應配合要指示的位置，適當穩定的指向標示，以利作業人員理解。

選購要點	草本花卉	觀葉類	灌木類	喬木類	竹類	棕櫚類	蔓藤類	地被類	其他類	造型類
主要以鋁製品居多，長度以每 30.CM 為（台尺）單位可依需要選用，但要考量鋁製材質的銲接與鋁料的結合方式，其踩踏橫桿的耐重荷度應達 200Kg 以上為宜。			●	●	●	●	●		●	●
主要以鋁製及木製品居多，長度可依需要選用，但要考量其踩踏橫桿的耐重荷度應達 200Kg 以上為宜；若遇有梯架變形時則須報廢汰換。			●	●	●	●	●		●	●
主要以鋁製品居多，長度可依需要選用，但要考量鋁製材質的銲接與鋁料的結合方式，其踩踏橫桿的耐重荷度應達 200Kg 以上為宜，且其扣榫要完好無缺。			●	●	●	●	●		●	●
應配合作業需要租賃聘雇擁有「一機三證」合法證照業者的適當伸縮長度與噸位的車輛設備，其人員乘載吊籃應配置有無線電對講機、伸縮桿部位應有安全吊帶之掛勾。			●	●	●	●	●		●	●
應配合作業需要，租賃聘雇擁有合法證照業者的適當伸縮高度的車輛設備，其人員乘載吊籃應平穩而牢靠，並且應配置有無線電對講機。			●	●	●	●	●		●	●
常用的雷射光筆為綠光，其光波亮度因價格不同而異，可以個人的使用需求選購；一般皆須使用充電式電池，使用時應注意不要直射到人的眼睛以免造成眼部損傷。			●	●	●	●	●		●	●

修剪作業類別		工具材料品名	修剪作業應用	操作要領
消毒	手動	小水桶	傷口消毒癒合	使用時應配合繩索綁紮固定於適當工作位置，使用後應以清水清洗乾淨後即可重複使用。
		小油漆刷	傷口消毒癒合	使用後應以清水浸泡，再予以清洗乾淨即可重複使用。
	材料	（三泰芬）或（待克利）殺菌劑	傷口消毒癒合	調配藥劑或進行塗佈作業時，皆應配戴口罩及穿載防水或橡膠或乳膠手套，且應符合相關農藥使用安全須知，調配藥劑時應於無風無雨的環境下調配。
		石灰粉	傷口消毒癒合	進行調配作業時，應於無風的環境下調配，建議配戴護目鏡，以免揚塵傷及眼睛。 PS.亦可加入墨汁調色後使用。
清潔	手動	竹掃把	打掃清潔	在清潔的一開始階段使用，可以一手握持把柄下方、一手握持把柄上方，順勢貼著地面（可避免揚起灰塵），沿著枝葉垃圾位置掃除。
		尼龍掃把	打掃清潔	在清潔即將完成的最後階段使用，應以一手握持把柄下方、一手握持把柄上方，順勢貼著地面（可避免揚起灰塵），一一掃除。
		可調式細齒耙	收集清潔	應配合所要清潔打掃的枝葉大小，調整齒耙開張的大小，以利清潔作業。

選購要點	草本花卉	觀葉類	灌木類	喬木類	竹類	棕櫚類	蔓藤類	地被類	其他類	造型類
應選擇大小適當、以手持或固定能便利者為原則，金屬或塑膠……等製品皆可選用。			●	●	●		●			●
應配合塗佈使用的傷口大小，選擇適當尺寸的刷子，刷毛材質以牲畜類的毛品為主，可配合個人喜好選用。			●	●	●		●			●
應選擇合法製造或進口廠商的品牌產品，購買時須留意產品的有效期限及％濃度；建議使用 5％粉劑時稀釋 500 倍，若是使用 25％粉劑時則須稀釋成 2500 倍使用。			●	●	●		●			●
選用時應選擇無受潮而結塊的產品，若一時無法使用完畢，則須加以密封保存於陰涼、乾燥處所，以免質變。			●	●	●		●			●
竹掃把是台灣地區普遍使用的清潔打掃用具，屬於消耗品。	●	●	●	●	●	●	●	●	●	●
尼龍掃把是台灣地區普遍使用的清潔打掃用具，其品牌種類繁多，選購容易。	●	●	●	●	●	●	●	●	●	●
其材質以不銹鋼製品居多，設有把手可以調整齒耙開張的大小。	●	●	●	●	●	●	●	●	●	●

修剪作業類別		工具材料品名	修剪作業應用	操作要領
清潔	手動	齒耙	收集清潔	齒耙為固定開張大小的器具，因此在使用上經常作為在清潔的一開始階段所使用。
		畚斗	收集清運	常作為搭配尼龍掃把所使用的清潔工具；可用於收集細小垃圾。
		畚箕	收集清運	常作為單獨使用的清潔工具；可以作為收集較大枝葉垃圾的清潔工具或充當小搬運的輔助工具。
	機動	油電吹葉機	收集清潔	使用時因會有極大的噪音產生，因此要配合適當的作業時機使用，並應避免風管的破損而減低風力。本項分為燃油與電池動力兩類型，燃油型：應留意潤滑機油與動力油料的配比適當適當及足夠，並適時檢查清潔火星塞；電池型：應留意替代電池之補充及更換。
	耗材	垃圾袋	收集清運	應配合所要收集垃圾的大小、數量……等，使用適當大小的垃圾袋。本項分為透明與不透明兩類型，可以作業需求選用。
回收	機動	電動碎木機	回收處理	使用時應配合碎木機的碎木口徑大小，事先將枝幹裁切成可容許的粗細程度及長短度，並且要留意作業安全，避免衣物捲入造成危險，刀片亦須配合研磨或更換。

選購要點	草本花卉	觀葉類	灌木類	喬木類	竹類	棕櫚類	蔓藤類	地被類	其他類	造型類
其材質以鐵製品居多，其齒耙開張的大小、齒數，皆有固定形式，可依自身需求選用。	●	●	●	●	●	●	●	●	●	●
常見的有塑膠材質或鐵製品或不銹鋼材質製品，可依據個人需求來選用。	●	●	●	●	●	●	●	●	●	●
常見的有塑膠材質或傳統竹編製品，可依據是否要收集含有水分與否、或者需要瀝乾水分與否來選用。	●	●	●	●	●	●	●	●	●	●
常用的有：背負式、肩背式及手持式吹葉機，其馬力大小與噪音大小成正比，應配合清潔作業範圍大小與使用頻度來選用。	●	●	●	●	●	●	●	●	●	●
選用垃圾袋時，應優先採用環保材質或可分解的產品，若干都市地區亦須配合地方政府相關法規限制，選用適當合法的垃圾袋。	●	●	●	●	●	●	●	●	●	●
目前台灣製與進口製品皆有，並且有移動式或固定式機型，其馬力大小、碎木口徑大小與預算費用高低成正比，因此建議配合作業需要選用適當的品牌與機型。			●	●	●	●				●

修剪作業安全提醒

修剪作業除了具備專業技術之外，最重要的就是安全，從穿戴配備、工具到防護措施，都得事先規劃；以下是修剪作業安全注意事項及相關提醒，作業前請務必再檢查一遍。

● 個人穿戴配備注意了嗎？

居家修剪作業的穿戴配備

工作服（長袖及長褲）、工作鞋（防滑）、手套、便帽。

修剪公共工程作業的穿戴配備

工作服（長袖及長褲）、工作鞋（防滑、防穿刺、防導電）、手套、反光背心、背負式安全帶、安全帽、護目鏡。

● **公共工程修剪作業人員裝戴檢核圖**

□ **護目鏡**

可包覆眼鏡且防木
屑飄入

□ **工作服**

若為短袖者
可加袖套

□ **工作用手套**

應包覆全手指部位

□ **工作褲**

防鏈鋸割裂者尤佳

□ **安全帽**

需符合國家 CAS
標準驗證品

□ **反光背心**

得以機關單位樣式
穿著

□ **背負式安全帶**

高空、道路、夜間
作業必備

□ **工具及套袋**

可依各款工具樣式
或配置

□ **工作鞋**

應具防滑式或防穿
刺或防導電功能

● 現場安全警示防護措施注意了嗎？

1.工作現場應善用：工程告示牌、警示燈、交通錐、圍桿…等。

2.應將工作範圍內以交通錐、圍桿進行警戒防護。

● 高空作業安全注意了嗎?

1.若須使用高空作業,應配合一名指揮人員以無線電及雷射光筆指示在高空作業台上的人員進行作業。

3.使用梯具應用繩索捆緊梯子末端,用來依靠樹幹,固定好梯具後才可進

2.若須使用梯具,應以三人為一組,除了爬站在梯上的執刀人員外,應再配合一名指揮人員、另一名進行梯具扶持固定,以維安全。

4.修剪作業期間,應有專人負責及留意作業場所範圍內的安全防護及交通安全管制作業。

景觀植栽修剪標準作業流程 SOP.要點表

植栽修剪標準作業流程SOP.項目			植栽修剪標準作業流程SOP.實施要點
一、計畫階段	1	調查記錄植栽現況	進行景觀植栽修剪作業前，應先就所需要修剪的植栽進行清點統計及調查紀錄工作，其內容為：樹種中名、學名、數量、單位、規格（樹冠高度H‧M、樹冠寬幅、W‧M、米高直徑ψ‧CM）、所在位置地段或地址、所有權屬單位或個人、有無受保護管制、植栽目前健康狀態、數位影像的修剪前中後作業之紀錄等。
	2	確認植栽修剪目的	每次進行修剪作業前，應先確認此次為何要修剪？了解作業目的及效益後再予以計畫安排。修剪作業目的及效益有八項：1.修飾不良枝修剪：改良修飾不良枝以促進整體樹勢的美觀與健康。2.疏刪修剪：改善樹冠採光通風以防治病蟲害及減低風阻防患風災。3.短截修剪：短截樹梢以抑制或促成生長並控制樹體及樹冠層大小。4.造型修剪：改變原自然外觀造型並增加觀賞樂趣及提高美感價值。5.生理修剪：調整樹體養分供需與蓄積以促進開花結果及產期調節。6.補償修剪：補償根部供水缺乏降低水分蒸散提高原樹型移植存活率。7.更新復壯返回修剪：更新復壯老化組織改善樹勢或使樹冠返回縮小。8.結構性修剪：促進大樹災後斷梢健康復原或確保小苗結構良好成長。
	3	修剪作業適期計畫	景觀植栽最好選擇在於「萌芽前」或「萌芽期間」進行「弱剪」，其修剪「強剪」作業適期的判定原則如下：一、（針葉及闊葉）落葉性植物，宜擇「休眠期間」：即冬季之落葉後到萌芽前的時期。二、（針葉）常綠性植物，宜擇「休眠期間」：即冬季之寒流冷鋒過境一個月後的低溫時期。三、（闊葉）常綠性植物，宜擇「生長旺季」：亦即枝葉萌芽時即屬其生長旺季。其又可分為：1、萌芽期長者：於「萌芽期間內」有長時間可供作業。2、萌芽期短者：於「萌芽前期或萌芽期間」皆宜，須把握時間作業。

植栽修剪標準作業流程SOP.項目		植栽修剪標準作業流程SOP.實施要點
一、計畫階段	4 評估植栽修剪規模	修剪作業規模的「強弱程度」可區分為： 1.「強剪」亦有稱之為「重剪」。 2.「弱剪」亦有稱之為「輕剪」。植栽隨時可以「弱剪」但是「強剪」要適時；因此建議選擇：「強剪適期」進行「弱剪」。進行樹木修剪作業前…應先評估植栽的：生長現況、營養狀態、基盤條件、基地周邊情況、環境氣候風土特性…等藉以做好植栽修剪計畫。
	5 工安防護預措報備	進行修剪作業前或不同的實施階段中，應事先提出修剪計畫，計畫經核准後，並事先處理報備、申請、公告等作業獲核准同意後始得開工；作業期間內亦應配合作業情況、流程、進度等予以報備或申請變更、公告等事項，以利整體修剪作業能順利完成。 相關工安防護預措報備事項要點： 1.先了解樹木修剪的相關工作空間與路徑。 2.是否會影響交通流量需要申請管制作業。 3.是否需要向交通警察單位申請使用路權。 4.是否作業會佔用停車格位須先申請租借。 5.於工地現場張貼公告或發布電郵訊息等。 6.工地現場之安全防護措施圍護警戒標示。 7.個人工作安全裝戴及工具安全檢查準備。

植栽修剪標準作業 流程SOP.項目			植栽修剪標準作業流程SOP.實施要點
二、施工階段	6	不良枝的 判定修剪	植栽修剪維護作業之順序，一般均由大喬木類、棕櫚類、竹類、小喬木類、造型類、灌木類、花草類、地被類…草坪類，由大型植栽到小型植栽進行作業。因此先由喬木類植栽開始進行修剪作業，且應首重注意樹體結構分生的「12種不良枝」之整枝修剪的判定。「12不良枝」歸納如下：病蟲害枝、枯乾枝、分蘗枝、幹頭枝、徒長枝、下垂枝、平行枝、交叉枝、叉生枝、陰生枝、逆行枝、忌生枝。相關「12不良枝」其他別名、定義說明、形成原因、不良影響、處置原則…等詳細內容，請參照『景觀樹木修剪「12不良枝」定義對照表』。
二、施工階段	7	疏刪短截 判定修剪	木本類植栽之修剪作業，除了適時進行「12不良枝判定修剪法」進行「強剪」或「弱剪」之外；對於其樹冠內部的枝葉芽或叢生小枝葉或密集生長的枝條…等，也應進行合理的「疏刪W判定」修剪法及「短截V判定」修剪法。「疏刪W判定」修剪法：是先觀察樹冠層的枝葉疏密程度，並以樹木主幹假想劃為中心線，再判斷所切分為左右兩部分的樹冠層，其疏密程度是否有相同？對稱？平均？可以此來判定此次可以「疏刪修剪」的程度。「短截V判定」修剪法：是要判斷及修剪樹冠層的末梢與末梢之間所形成夾角狀的V字樣，並將V字樣低角點相互連線所形成的一道樹冠層外觀「圓弧形修剪輪廓線」，再依據此線將超過的樹梢修剪去除。
	8	各類修剪 下刀作業	植栽修剪應用「十二招」工法：1、修剪八招基本工法：摘心、摘芽、摘葉、修葉、摘蕾、摘花、摘果、剪枝。2、平均萌芽長度修剪法：每個月進行檢查與判定當時「每次平均萌芽長度」若在1～2.公分以上時即進行修剪。3、平行枝序方向修剪法：依據互生枝序、對生枝序、輪生枝序型於節上的等同枝條粗細的位置，以「平行」枝葉序方向的角度剪定。4、12不良枝判定修剪法。5、疏刪W判定修剪法。6、短截V判定修剪法。7、粗枝三刀修剪法：粗大樹幹以口訣：「先內下、後外

植栽修剪標準作業 流程SOP.項目			植栽修剪標準作業流程SOP.實施要點
二、施工階段			上、再貼切」三刀法修剪下刀。8、小枝一刀修剪法：一般小枝以口訣：『自「脊線」到「領環」外移（避開若有突出膨大的領環組織）三刀法修剪下刀』。9、伐木四刀修剪法：屬於較垂直挺立或是枝幹體積與重量較重的樹幹可以口訣：「倒向斜切、平切取木、對中鋸倒、鋸除幹頭」四刀法修剪下刀。10、斜上45度修剪法：修剪時應緊貼幹部，再於葉鞘部葉柄基部位置以45 度角向上斜切方式進行修剪。11、新竹高寬控制修剪法：於「新竹」生長階段將新竹「頂梢摘心」進行「高度控制」的修剪，待約1~2週左右再度進行新竹「側枝摘心」的「寬度控制」修剪。12、老竹三五小枝修剪法：是將老竹竹稈每一節上的「分生小枝」部位，在每年進行一次「疏枝疏芽」的修剪。
	9	塗佈傷口保護藥劑	修剪切鋸後之傷口若大於3.公分(約50元硬幣)直徑以上時，應實施傷口塗佈保護藥劑作業。得自行調製配方：以（三泰芬）5.%粉劑調製成500.X稀釋液後，再拌合石灰粉調和均勻為塗劑，再加入「墨汁」進行調色均勻後，即可作為塗佈傷口保護消毒藥劑用。
	10	工地環境清潔善後	修剪作業中應隨時注意工作範圍區域內的衛生安全及清潔…等管理，且應防止枝葉樹幹掉落之損壞或切鋸木屑、枝葉等散落，故應盡速清除乾淨。修剪作業後之樹幹枝葉有機資源垃圾，應循各機關相關環保規定予以合法進行清運、處理、回收、再利用…等作業。

如何撰寫修剪作業計畫書？

　　樹木修剪作業是一項將樹木的枝葉進行判斷及確定後即切除的工作。因此事先若沒有好好規劃及考慮，一旦修剪了就無法恢復樹木的舊觀。

　　尤其是針對受保護樹木或珍貴稀有老樹或具有特殊意義的樹木等，在修剪前更應該與業主或相關人士進行有效的溝通及說明，將其需要修剪的理由原因、修剪的預期目的與效益、樹木修剪前後的差異、預計修剪作業期程…等，進行詳細的計畫安排與溝通說明，在獲得大家的支持與認同後再進行修剪作業，如此才不會造成事後的爭議與糾紛的產生。

　　所以我們可以透過編輯撰寫「修剪作業計畫書」的程序步驟，將樹木的修剪作業方式及相關事項進行審慎的考量，再透過計畫書撰寫的方式呈現我們的修剪作業流程步驟與方式，進而可以確保修剪作業後的成果是可以被人所預期及接受的。

　　一般「修剪作業計畫書」的編製項目會有以下主要幾項，敘述如下供參考運用：

一、工程概述：

（一）　樹木基本資料：

1. 工程名稱：○○○○○○

2. 工程案號：○○○○○○

3. 樹種名稱：○○○○○

4. 規格數量單位：○○○○○○

5. 所在位置或地址：○○○○○○

6. 有無受保護管制：○○○○○○

7. 樹木目前健康情況或外觀狀態敘述：○○○○○○○

（二）修剪申請人資料：

1. 申請修剪（樹木所有權人）單位及聯絡方式：○○○○○○○

2. 執行修剪單位或個人及聯絡方式：○○○○○○

3. 工地負責人及聯絡方式：○○○○○○

4. 修剪認證合格者姓名及證書編號及聯絡方式：○○○○○○

二、申請事項：

（一）修剪作業計畫：

1. 申請修剪原因簡述：○○○○○○

2. 申請修剪規模類別：強剪或弱剪或○○○○○○

3. 申請修剪工作期程：○年○月○日～○年○月○日．工作天：○天。

是否有依據修剪適期選擇作業期程：**1、落葉性（針葉及闊葉）植物，宜擇「休眠期間」**：冬季落葉後到萌芽前期間。**2、常綠性針葉植物，宜擇「休眠期間」**：冬季樹脂停止流動或緩慢。

3、常綠性闊葉植物，萌芽期長者：於「生長旺季」即「萌芽期間內」作業皆宜。**4、常綠性闊葉植物，萌芽期短者：**於「生長旺季」即「萌芽前至萌芽期間」作業最佳。

4. 申請修剪預期目的效益：得就以下八大修剪目的效益勾選或自述。

(1)**修飾不良枝修剪**：改良修飾不良枝以促進整體樹勢的美觀與健康。

(2)**疏刪修剪**：改善樹冠採光通風以防治病蟲害及減低風阻防患風災。

(3)**短截修剪**：短截樹梢以抑制或促成生長並控制樹體及樹冠層大小。

(4)**造型修剪**：改變原自然外觀造型並增加觀賞樂趣及提高美感價值。

(5)**生理修剪**：調整樹體養分供需與蓄積以促進開花結果與產期調節。

(6)**補償修剪**：補償根部供水缺乏降低水分蒸散提高原樹型移植存活率。

(7)**更新復壯返回修剪**：更新復壯老化組織改善樹勢或使樹冠返回縮小。

(8)**結構性修剪**：促進大樹災後斷梢健康復原或確保小苗結構良好成長。

(9)**其他**（自述）：○○○○○○

(二) 勞工安全衛生管理計畫：應勾選敘明有無進行下列事項。

1. 設置警示圍界

2. 交通管制申請

3. 設置安全圍籬

4. 絕緣防護圍界

5. 其他（自述）：○○○○○○

(三) 修剪施作工具計畫：應勾選確認是否準備下列作業工具。

例如：高空作業車、施工架工作台、鋁製 A 梯、三腳鋁梯、鋁製拉梯、無線對講機、雷射指示光筆、油電鏈鋸、高枝鏈鋸、油電修籬機、切枝鋸、修枝剪、剪定鋏、高枝剪、高枝鋸、清潔打掃用具類…等。

(四) 修剪計畫示意圖說：

1. 修剪計畫示意圖說：

依據各樹種個別製作修剪計畫示意圖說，內容應附上相片編號、相片內容說明、樹木現況相片，且於相片中標示：修剪不良枝部位、疏刪或短截範圍（位置、規模…等）相關線條或箭頭或符號等。

2. 計畫示意圖說頁數：計○頁。

三、審核簽署欄位：

(一) 受理審查機關審核簽署：

依據本項修剪計畫指示：核准修剪、不核准修剪、專案簽辦、其他核示意見…等。

(二)　審核意見：○○○○○○

(三)　審核日期：○年○月○日

【修剪作業計畫書】

工程案號：　　　　　　　　工程名稱：

<table>
<tr><td rowspan="6">樹木基本資料</td><td colspan="2">樹種名稱：　　　　　　　　　　　　　　樹木數量：　　　　　　　　株</td></tr>
<tr><td colspan="2">樹體平均規格：H=(　　　)M・W=(　　　)M・米徑§=(　　　)M，樹齡約（　　　）年</td></tr>
<tr><td colspan="2">位置地址：</td></tr>
<tr><td colspan="2">所有權人：　　　　　　　　　　保護限制：□非受保護・□受保護編號：</td></tr>
<tr><td colspan="2">樹木狀態：□整體呈現健康旺盛・□無腐朽傷口・□一般正常狀態・□有不正常枝葉黃化・
　　　　　□主幹腐朽（　　）處・□主枝腐朽（　　）處・□次主枝腐朽（　　）處・
　　　　　□分枝腐朽（　　）處・□小枝腐朽（　　）處・□根盤部腐朽（　　）處・
　　　　　□切鋸傷口（　　）處/大小（　x　）CM・□孔洞（　　）處/（　x　）CM・
　　　　　□其他不良狀態自述：</td></tr>
<tr><td colspan="2"></td></tr>
<tr><td rowspan="15">樹木修剪申請事項（每一種樹木填寫一份）</td><td>申請修剪單位：</td></tr>
<tr><td>申請人姓名：　　　　　　　　　　連絡電話：</td></tr>
<tr><td>E-mail：</td></tr>
<tr><td>執行修剪單位：</td></tr>
<tr><td>單位負責人姓名：　　　　　　　　連絡電話：</td></tr>
<tr><td>工地負責人姓名：　　　　　　　　連絡電話：</td></tr>
<tr><td>修剪認證合格者姓名：　　　　　　合格證號：</td></tr>
<tr><td>申請修剪原因簡述：</td></tr>
<tr><td>申請修剪規模類別：□1、強剪（重剪）須適期。□2、弱剪（輕剪）平時皆可。</td></tr>
<tr><td>申請修剪工作期程：自　　年　　月　　日～　　年　　月　　日，約需（　　　）個工作天。
　□1、落葉性（針葉及闊葉）植物，宜擇「休眠期間」：冬季落葉後到萌芽前期間。
　□2、常綠性針葉植物，宜擇「休眠期間」：冬季樹脂停止流動或緩慢。
　□3、常綠性闊葉植物，萌芽期長者：於「生長旺季」即「萌芽期間內」作業皆宜。
　□4、常綠性闊葉植物，萌芽期短者：於「生長旺季」即「萌芽前至萌芽期間」作業最佳。</td></tr>
<tr><td>申請修剪預期目的效益：
　□ 1.修飾不良枝修剪：改良修飾不良枝以促進整體樹勢的美觀與健康。
　□ 2.疏刪修剪：改善樹冠採光通風以防治病蟲害及減低風阻防患風災。
　□ 3.短截修剪：短截樹梢以抑制或促成生長並控制樹體及樹冠層大小。
　□ 4.造型修剪：改變原自然外觀造型並增加觀賞樂趣及提高美感價值。
　□ 5.生理修剪：調整樹體養分供需與蓄積以促進開花結果與產期調節。
　□ 6.補償修剪：補償根部供水缺乏降低水分蒸散提高原樹型移植存活率。
　□ 7.更新復壯返回修剪：更新復壯老化組織改善樹勢或使樹冠返回縮小。
　□ 8.結構性修剪：促進大樹災後斷梢健康復原或確保小苗結構良好成長。。
　□ 9.其他（自述）：</td></tr>
<tr><td>勞工安全衛生管理計畫：□有□無：設置警示圍界・□有□無：交通管制申請・
　　　　　　　　　　□有□無：設置安全圍籬・□有□無：絕緣防護圍界。</td></tr>
<tr><td>修剪施作工具：□高空作業車・□施工架工作台・□鋁製A梯・□三腳鋁梯・□鋁製拉梯・
　　　　　　□無線對講機・□雷射指示光筆・□油電鏈鋸・□高枝鏈鋸・□油電修籬機・
　　　　　　□切枝鋸・□修枝剪・□剪定鋏・□高枝剪・□高枝鋸・□清潔打掃用具類。</td></tr>
<tr><td>修剪計畫圖說：計有（　　　　）頁。</td></tr>
<tr><td>審核</td><td>（本欄由機關填寫）□核准修剪・□不核准修剪・□專案簽辦・□ 其他：
　審核日期：　　年　　月　　日・審核意見：</td></tr>
</table>

【修剪作業計畫書】

申請日期：中華民國　　年　月　日　　　　　　　　　　　第　　頁，共　　頁

工程案號：　　　　　　　　工程名稱：

樹木修剪計畫示意圖說	相片編號（　　）： （註：現況或示意相片圖說數量由申請人依實際需要增加及編製說明） 相片圖說標示應注意事項： 　　一、請於圖上以明顯顏色之箭頭或線條將所需修剪的「不良枝」進行標註， 　　二、箭頭或線條旁則須再標示不良枝的名稱或代號予以說明之。 　　三、「不良枝」名稱代號如下： 　　　　1.病蟲害枝、2.枯乾枝、3.分蘗枝、4.幹頭枝、5.徒長枝、6.下垂枝、 　　　　7.平行枝、8.交叉枝、9.逆行枝、10.忌生枝、11.叉生枝、12.陰生枝。
	相片編號（　　）： （註：現況或示意相片圖說數量由申請人依實際需要增加及編製說明） 相片圖說標示應注意事項： 　　一、請於圖上以明顯顏色之箭頭或線條將所需修剪的「不良枝」進行標註， 　　二、箭頭或線條旁則須再標示不良枝的名稱或代號予以說明之。 　　三、「不良枝」名稱代號如下： 　　　　1.病蟲害枝、2.枯乾枝、3.分蘗枝、4.幹頭枝、5.徒長枝、6.下垂枝、 　　　　7.平行枝、8.交叉枝、9.逆行枝、10.忌生枝、11.叉生枝、12.陰生枝。
審核	（本欄由機關填寫）□核准修剪・□不核准修剪・□專案簽辦・□ 其他： 　　審核日期：　　年　　月　　日・審核意見：

阿勃勒—「目標樹型設定」修剪改計畫圖例

符號説明
- Ⓐ 進行樹體內不良枝判定修剪
- Ⓑ 進行樹冠內部「疏刪」修剪
- Ⓒ 進行樹冠輪廓「短截」修剪
- Ⓓ 等待枝葉萌生補滿樹冠

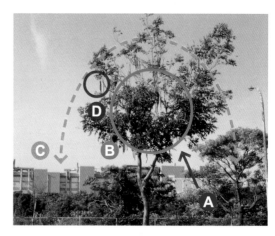

符號説明
Ⓐ 進行樹體內不良枝判定修剪
Ⓑ 進行樹冠內部「疏刪」修剪
Ⓒ 進行樹冠輪廓「短截」修剪
Ⓓ 等待枝葉萌生補滿樹冠

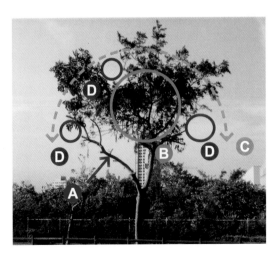

花木修剪應用十二項工法

　　花木植栽的種類繁多，木本植物與草本植物都有，有關現行的植物「分類」方式，在產官學研各界並沒有統一的標準，而是依照植物各自的使用目的進行分類，例如：以苗木規格分類、依育苗方式分類、依生長性狀分類、依利用目的分類、依植物體構造不同而分類。

　　因此，本書建議依照大多數在景觀苗木市場，及在規劃設計施工維護管理使用上的一般慣用認知方式，意即：以植物的外部構造之生長性狀特徵進行分類與說明，如此較能兼顧景觀產官學研的普遍認知與使用慣性。

　　植物因為具有：草本類的草質莖和有木本類的木質莖，因此在修剪下刀工法上就會有所不同，如此才能兼顧花木修剪後的生長勢之恢復，並保障修剪後的傷口可以癒合復原。

　　花木植栽的外部構造不同，例如草本類是草質莖，木本類是木質莖，因此在修剪的下刀工法上就會有所不同，下刀要適當得宜才能兼顧植栽修剪後的生長勢之恢復及傷口癒合復原。筆者依據修剪實務經驗，歸納出下列 12 項工法如下：

一、	修剪八招基本工法
二、	平均萌芽長度修剪法
三、	平行枝序方向修剪法
四、	12 不良枝判定修剪法
五、	疏刪 W 判定修剪法
六、	短截 V 判定修剪法
七、	粗枝三刀修剪法
八、	小枝一刀修剪法
九、	伐木四刀修剪法
十、	斜上 45 度修剪法
十一、	新竹高寬控制修剪法
十二、	老竹三五小枝修剪法

第1項工法 修剪八招基本工法

花木的修剪是一項將植物的器官組織進行修剪摘除的工作，依據修剪器官的部位可以再區分為：摘心、摘芽、摘葉、修葉、摘蕾、摘花、摘果、剪枝等修剪八招基本工法。

而修剪作業對於花木植栽而言，其主要的用途與目的有：

1. 能調節植栽體內營養與水分的供需與傳導。

2. 能避免植栽體內營養與水分的消耗與浪費。

3. 能刺激植栽的葉芽或花芽形成與枝條生長。

4. 能控制植株大小或調整器官的成長與發育。

5. 能藉由修剪採摘植物的器官組織加以利用。

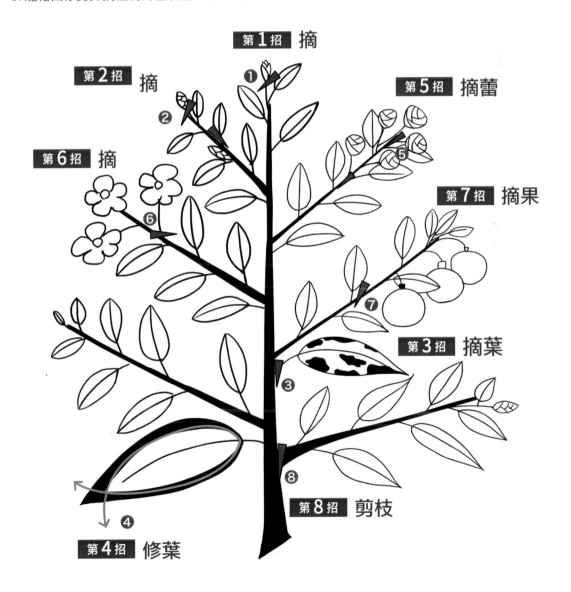

第1招 摘

第2招 摘

第5招 摘蕾

第6招 摘

第7招 摘果

第3招 摘葉

第8招 剪枝

第4招 修葉

第1招 摘心

去除各段枝條中央末稍部位的新芽生長點（心芽），可暫時抑制末梢頂端優勢的生長，促成側芽的加速延伸與萌發生長。
作法：常以剪定鋏或用手部進行摘心作業。

第2招 摘芽

去除各段枝條中央末梢所分生出來的側生新芽或側枝的末梢頂芽，可抑制該枝芽繼續延 伸與生長，進而使營養與水分能轉送蓄積到 其他部位。
作法：常以剪定鋏或芽切剪或用手部進行。

第3招 摘葉

摘除或剪除整片葉部，可避免養分及水分的消耗，並增加採光與通風效益。
作法：常以剪定鋏或用手部進行。

第4招 修葉

修剪局部葉片的作業，主要為了保留葉部大部分組織，而僅修剪局部不良的部分，既可增進美觀又不會減少太多葉量。
作法：常以剪刀或剪定鋏進行。

第5招 摘蕾

去除尚未成熟形成花器的芽（又稱花芽、花苞、花蕾），可減少植栽因開花所需的大量養分之消耗。

作法：常以剪定鋏或芽切剪或用手部進行。

第6招 摘花

去除已成熟的花器（花朵），其可避免因開花或後續結果所導致植物會持續的消耗大量養分之行為。

作法：常以剪定鋏或芽切剪或修枝剪進行，少量亦可用手部摘取。

第7招 摘果

去除已熟或未熟的果實之作業。若去除果實則可避免因大量結果所導致植栽消耗大量養分及水分；若留存果實則可以使其後續成熟而產生種籽。

作法：常以剪定鋏或芽切剪或用手部進行。

第8招 剪枝

去除植物的莖部、枝條、樹幹等部位。目的是暫時終止其延伸與生長、並使營養與水分能因此蓄積而留存。

作法：常以剪定鋏或修枝剪或切枝鋸進行。

對於花木植栽修剪而言，我們為了達到控制、管理與調節：根、莖、葉的「營養生長」作用與花、果實、種籽的「生理生長」作用，因此我們會運用：摘心、摘芽、摘葉、修葉、摘蕾、摘花、摘果、剪枝等較細部而精密的修剪作業方法，來調整控制管理花木植栽的生長。

必學八招	技法招式	常用修剪工具	修剪作法定義	修剪用途與目的
第1招	摘心	手、剪定鋏	將今年生枝條的頂梢中央末端生長點（心芽）摘除者，即稱為「摘心」。	可以抑制中央頂梢枝條的持續延伸生長、並促使側芽側枝的萌發生長。
第2招	摘芽	手、剪定鋏、芽切剪	將今年生枝條的各側生新梢末端生長點（側芽）摘除者，即稱為「摘芽」。	可以抑制側生新梢枝條的持續延伸生長、並促使中央新芽萌發生長。
第3招	摘葉	手、剪定鋏	將葉片部位完全摘除者，即稱為「摘葉」。	可減少葉片數量以避免營養與水分的消耗、並促進枝條的採光與通風良好。
第4招	修葉	剪刀、剪定鋏	將葉片部分不良處修剪去除者，即稱為「修葉」。	可減緩葉片枯乾的不良情況的惡化、並能藉此改善葉部的美觀。
第5招	摘蕾	手、剪定鋏、芽切剪	將花蕾（花苞）部位完全摘除者，即稱為「摘蕾」。	可減少開花數量、藉以避免營養的過份消耗、並促使留存的花蕾能獲取更多養分而使花開得更大更持久。
第6招	摘花	手、剪定鋏、芽切剪、修枝剪	將已形成花朵的部位完全摘除者，即稱為「摘花」。	可立即減少開花量或摘取花朵利用、藉以避免後續結果的形成，以免後續營養的過份消耗。
第7招	摘果	手、剪定鋏、芽切剪	將已形成果實的部位完全摘除者，即稱為「摘果」。	可立即減少結果量或摘取果實利用、藉以避免營養的過份消耗、並促使留存的果實能獲取更多養分而使結果得更大更豐碩。
第8招	剪枝	剪定鋏、修枝剪、切枝鋸	將莖、枝、幹部位修剪去除者，即稱為「剪枝」。	可以調節營養與水分的供需與蓄積作用，進而促進芽的形成與枝條生長。

「修剪八招基本工法」應用圖例

適用範圍

草本花卉、觀葉類、灌木類、蔓藤類、地被類及其它類的花木植栽。

判定修剪方法

因適用類型的植栽體型較小，其器官組織位置相對也較低矮、細小，修剪上並不會太困難，可利用前述 2-4「修剪必學八招基本技法」實施修剪即可。

❶病蟲害枝葉芽 ❷枯乾黃枝葉芽 ❸老化枝 ❹幼小枝
❺花後枝 ❻結果枝 ❼徒長枝 ❽分蘗枝 ❾老殘葉
❿腋生葉 ⓫叢生芽 ⓬子芽株

紫花鳶尾平時修剪「枯乾黃枝葉芽」

矮馬纓丹花期後修剪「花後枝」

灌木類的綠籬式或花叢式植栽維護，應著重
於「倒圓角」的修剪方式，如此才能增加植
栽側邊的日照量，進而促進生長發育。

第2項工法「平均萌芽長度」修剪法

「每次平均萌芽長度」修剪法，主要運用在：灌木類及造型類的花木植栽，對其枝、葉、芽等部位，施行修剪枝葉的方法；因此經常先使用「修枝剪」進行修剪後，再施以「平行枝序方向剪定法」即可完成作業。

1 依據「每次平均萌芽長度」設定修剪假想範圍圖線
2 順著一定方向「弱剪」造型
3 修剪後再做「平行枝序方向」修剪法

適用範圍

灌木類。多年生草本花卉及造型類的花木植栽。

判定修剪方法

「每次平均(1)萌芽長度」修剪法，主要運用在：灌木類及造型類的花木植栽，對其枝、葉、芽等部位，施行「修剪枝葉的方法」，也雷同喬木類的「短截修剪」，因此經常先使用「修枝剪」進行修剪，再以剪定鋏施以「平行枝序方向剪定法」即可完成。

「每次平均萌芽長度修剪法」，最好能夠每個月能進行檢查與判定，倘若當時「每次平均萌芽長度」在1～2公分以上時，才進行修剪作業；反之，則可暫時不修剪，等待下一次（下一個月維護時）其生長高度較長時才進行修剪即可。

一般而言，灌木或造型植栽的每次修剪程度，都是於現場進行「每次平均萌芽長度」的判定，修剪幅度若小於「每次平均萌芽長度」者，即是屬於「弱剪」，修剪幅度若大於「每次平均萌芽長度」者，則是屬於「強剪」。

花木植栽若想要使其愈長愈高大時，則應採取小於「每次平均萌芽長度」的「弱剪」，且修剪後仍可保有大量枝葉、枝葉密度感覺仍有中等以上茂密程度。

若想要控制其生長、不想要其愈長愈高大時，則應採取大於「每次平均萌芽長度」的「強剪」，修剪後將會顯見其枝幹、且枝葉密度感覺會有較稀疏的感覺。

「V字低點」連線為「修剪假想範圍線」，修剪幅度若小於「每次平均萌芽長度」即屬「弱剪」，也雷同喬木類的「短截修剪」

1. 黃葉金露花「弱剪」作業前。

2.「弱剪」之後仍可保有大量枝葉、仍有理想的枝葉茂密程度。

　　然而對於樹齡較老、較高大的灌木類植物，即使月月年年的持續弱剪也會有植栽漸漸愈來愈高大、枝條愈顯老化的情況，因此需要再選擇「植栽強剪作業適期」來進行「返回修剪」的強剪方式，也就是在離地面留存約三至五個節的高度採取平切剪除的方式進行修剪，這樣便能使其返老還童般的更新又復壯，此項作業也常稱為「更新復壯修剪」。

原有植栽株高約 100.CM

強剪後留下株高 25.CM

更新復壯後株高約 40.CM

灌木類植栽都會隨著時間愈久呈現生長愈高大而老化現象，這時需要實施更新復壯的「強剪」。

宜擇春夏季間的強剪適期以離地約 25CM 處平切強剪後一個月即可看到萌芽。

黃葉金露花經強剪再培育一個月後，即能生長茂密且株高約 40CM 的完整狀態。

平戶杜鵑花台的造型修剪：
應於花謝後「強剪」造型。

黃金榕花台的綠籬修剪：
只需稍微剪除少數竄升枝芽。

黃葉金露花花台的綠籬修剪：
只需稍微剪除少數竄升枝芽。

日本小葉女貞槽化島的綠籬修剪：
宜以水平式「弱剪」造型。

129

第3項工法「平行枝序方向」修剪法

花木植栽在進行枝條的「頂稍」剪定作業時，應配合植栽的「三種生長枝序」構造，予以正確的配合「修剪角度」操作：

1. **「互生枝序型」剪定**：應於節上的等同枝條粗細的位置，以「平行」枝葉序方向的角度剪定成為「斜口」狀。

2. **「對生枝序型」剪定**：應於節上的等同枝條粗細的位置，以「平行」枝葉序方向的角度剪定成為「平口」狀。

3. **「輪生枝序型」剪定**：同「對生枝序型」亦於節上的等同枝條粗細的位置，以「平行」枝葉序方向的角度剪定成為「平口」狀。

肉桂主幹分生小枝的「正確」貼切。

青楓屬於對生枝葉，修剪下刀位置不可於枝條節間之處。

青楓屬於對生枝葉，修剪下刀「正確」位置應於節上剪成「平口」狀。

應自「脊線」處平行枝序角度方向切剪。

此外，花木植栽若是在進行「側枝」剪定作業時，則應注意「剪定鋏」的刀刃與刀唇部位與植栽枝條的貼剪方式：

適用範圍

是將剪定鋏的「刀唇」貼著枝條部位修剪，如此一來會使枝條傷口留下一段「幹頭枝」。

判定修剪方法

是將剪定鋏的「刀刃」貼著枝條部位修剪，這樣可使修剪後的枝條傷口平順。

上述在剪定時如果仍然可以判定植栽的「脊線與領環」的位置與角度時，即使是以剪定鋏進行修剪，仍須要「自脊線到領環的角度下刀」。

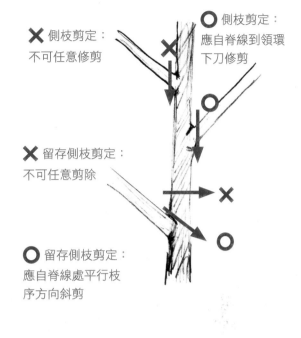

✕ 側枝剪定：
不可任意修剪

○ 側枝剪定：
應自脊線到領環下刀修剪

✕ 留存側枝剪定：
不可任意剪除

○ 留存側枝剪定：
應自脊線處平行枝序方向斜剪

以「刀唇」貼著枝條修剪，會留下同刀唇厚度的殘枝。

以「刀刃」貼著枝條修剪，才能「貼切」正確而不會留下殘枝。

第**4**項工法「12不良枝判定」修剪法

凡是具有類似「喬木類樹型」外觀：從地下的「根球部」開始展現到地上部分的「主幹」、再分生「主枝」、進而分生有「次主枝」的植栽，都適用以「12 不良枝判定」修剪。

前述的主幹、主枝、次主枝（或稱為「亞主枝」）即可合稱為「結構枝」。

「結構枝」是植物主要支持植物體組織及輸送養分與水分的重要構造部位，因此在進行修剪作業時，應盡量避免修剪破壞「結構枝」部位。

在進行木本類植栽的整枝修剪作業時，首先對於：「頂梢」與「結構枝」（主幹、主枝、次主枝），在非必要的情況下不得整修，其次才可針對由「次主枝」開始分生的：「分枝」、「次分枝」、「小枝」、「次小枝」、「枝葉」…等部位，加以判定修除其十二種的「不良枝」。

這些「不良枝」計有：「病蟲害枝」、「枯乾枝」、「分蘗枝」、「幹頭枝」、「徒長枝」、「下垂枝」、「平行枝」、「交叉枝」、「叉生枝」、「陰生枝」、「逆行枝」、「忌生枝」等十二種不良形態的枝條，一般我們簡稱為「12 不良枝」。

由於「十二不良枝判定修剪法」可以運用在許多有類似「喬木類樹型」的植栽，所以堪 稱是「花木修剪基礎的判定方法」，因此在進行植栽修剪作業前，應當加強了解「十二不良 枝」的判定，如此才能正確的進行花木植栽的修剪，進而達到植栽修剪之目的與效益。

● 開張主幹互生枝序型「12 不良枝」判定圖

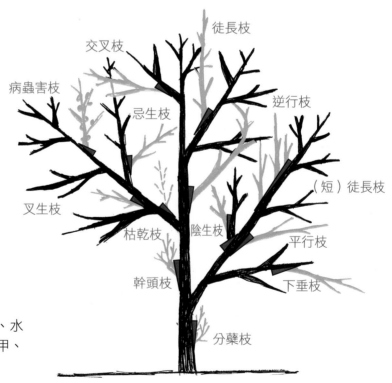

例如：樟樹、榕樹、水黃皮、櫸木、羊蹄甲、梅花、櫻花…等。

● 開張主幹對生枝序型「12 不良枝」判定圖

例如：台灣欒樹、大花紫薇、
流蘇、安石榴、青楓、桂花、
綠珊瑚、咖啡樹…等。

● 直立主幹分生枝序型 「12 不良枝」判定圖

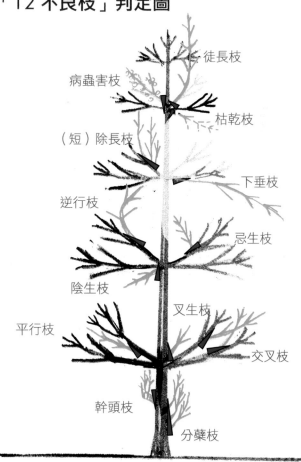

TIPS 修剪四要原則

1. 分枝下寬上窄。
2. 造枝下粗上細。
3. 間距下長上短。
4. 展角下垂上仰。

例如：楓香、黑板樹、烏
心石、落羽松、小葉欖仁、
竹柏、木棉、福木…等。

● 認識與判定「12 不良枝」

1. 病蟲害枝：（亦稱為：病殘枝、病枝、蟲枝、染病枝、罹病枝、有蟲枝。）

已感染有病害或蟲害或已遭危害嚴重的枝條，若使用藥劑防治時，其效果亦會不彰或治療後也難恢復正常，或恐有高度傳染之虞的枝條者。

實務工作溝通手勢

2. 枯乾枝：（亦稱為：枯枝、乾枝、枯死枝、枯老枝、枯幹枝、斷折枝、斷裂枝。）

枝條已經呈現枯乾或死亡或腐朽或斷裂者，已喪失活性而無法恢復其正常機能者。

實務工作溝通手勢

3. 分蘗枝：（亦稱為：分蘗芽、萌蘗枝、萌生枝、子枝、基部小枝、幹生枝、幹上小枝、幹生小枝、幹生弱枝、幹芽枝、根芽枝、根生枝。）

在「結構枝」及幹基根部上所好發萌出的新生而短小枝芽、或已成熟長成的枝條者；由於其無法與既有枝條呈現合理配置的非結構性枝芽。

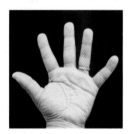

實務工作溝通手勢

4. 幹頭枝：（亦稱為：幹枝、斷頭枝、切頭枝、目頭枝、幹瘤枝、瘤枝、幹留枝、短截冗枝。）

在先前的整枝修剪作業不良後，所留下的宿存幹頭部位，但仍有活性所再度萌生枝芽的枝幹。

實務工作溝通手勢

5. 徒長枝：（亦稱為：立枝、立小枝、直立枝、直立小枝、徒長短枝、徒長小枝、內膛枝。）

是呈現較直立向上快速伸長、樹皮較光滑、節間距離較長、枝條較粗大的徒長現象的枝條。

實務工作溝通手勢

6. 下垂枝：（亦稱為：立枝、立小枝、直立枝、直立小枝、徒長短枝、徒長小枝、內膛枝。）

枝條所生長呈現的角度，明顯與大部分的枝條分生角度，有極大的下垂角度之差異者。

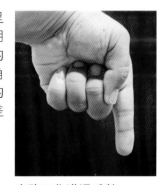

實務工作溝通手勢

135

7. 平行枝：（亦稱為：**重疊枝、疊生枝、重生枝、水平枝、平枝、平生枝。**）

兩兩枝條的生長方向與位置，一個枝條位於正上方（亦稱為「平行上枝」），另一枝條位於正下方（即稱為「平行下枝」），相互形成兩兩上下平行且不相交的生長情況者。

實務工作
溝通手勢

8. 交叉枝：（亦稱為：**纏枝、纏繞枝、糾纏枝、交錯枝、斜交枝、靠生枝。**）

兩兩枝條的生長方向與位置，呈現略為 X 狀的交叉與接觸的生長情況者。

實務工作溝通手勢

9. 叉生枝：（亦稱為：**叉枝、分岔枝、分叉枝、輪生枝、車輪枝、並生枝、夾心枝、分生枝、中生枝、中間枝、多生枝。**）

位於兩個「同等粗細或優勢的枝條」之中央部位所萌生的單一或多數枝條者。

實務工作
溝通手勢

10. 陰生枝：（亦稱為：**腋生枝、腋生小枝、陰枝、懷枝、懷生枝、懷生小枝、腋下枝、腋下小枝、對稱枝、放射狀枝、車輪枝。**）

位於兩個「同等粗細或優勢的枝條」之兩外側凹處位置，所萌生的單一或多數枝條者。

實務工作
溝通手勢

11. 逆行枝：（亦稱為：**逆枝、逆生枝、逆向枝、逆向小枝、逆行小枝、繞行枝、曲生枝、彎曲枝。**）

枝條呈現先由正常方向生長後，再發生改變方向的逆行彎曲生長，故呈現枝條迴轉彎折的奇特生長現象者。

實務工作
溝通手勢

12. 忌生枝：（亦稱為：**忌枝、忌生小枝、內生枝、內行枝、向內枝、內向枝、內生小枝。**）

枝條呈現直接由樹冠的外側位置，朝向樹冠中心方向生長的型態者。

實務工作
溝通手勢

景觀樹木修剪「12 不良枝」定義對照表

代號	不良枝名稱	其它別名	定義說明
1	病蟲害枝	病殘枝、病枝、蟲枝、染病枝、罹病枝、有蟲枝。	已感染有病害或蟲害或已遭危害嚴重的枝條，若使用藥劑防治時，其效果亦會不彰或治療後也難恢復正常，或恐有高度傳染之虞的枝條者。
2	枯乾枝	枯枝、乾枝、枯死枝、枯老枝、枯幹枝、斷折枝、斷裂枝。	枝條已經呈現枯乾或死亡或腐朽或斷裂者，已喪失活性而無法恢復其正常機能者。
3	分蘖枝	分蘖芽、萌蘖枝、萌生枝、子枝、基部小枝、幹生枝、幹上小枝、幹生小枝、幹生弱枝、幹芽枝、根芽枝、根生枝。	在「結構枝」及幹基根部上所好發萌出的新生而短小枝芽、或已成熟長成的枝條者；由於其無法與既有枝條呈現合理配置的非結構性枝芽。
4	幹頭枝	幹枝、斷頭枝、切頭枝、目頭枝、幹瘤枝、瘤枝、幹留枝、短截冗枝。	在先前的整枝修剪作業不良後，所留下的宿存幹頭部位，但仍有活性所再度萌生枝芽的枝幹。
5	徒長枝	立枝、立小枝、直立枝、直立小枝、徒長短枝、徒長小枝、內膛枝。	是呈現較直立向上快速伸長、樹皮較光滑、節間距離較長、枝條較粗大的徒長現象的枝條。
6	下垂枝	垂下枝、垂枝、下枝、向下枝、下生枝、下行枝。	枝條所生長呈現的角度，明顯與大部分的枝條分生角度，有極大的下垂角度之差異者。

形 成 原 因	不 良 影 響	處 置 原 則
一般常因植栽樹冠的通風或採光不良，引發病蟲害之滋生與寄宿，或有外力導致之傷口而感染病原菌與蟲害所致。	持續感染或侵害下，將傷及器官組織影響其作用機能，嚴重時會因此而死亡，且會傳播感染周邊植栽而影響健康。	因枝條已無法防治或恐有傳染之虞時，可判定立即修除。
因先前的病害或蟲害之危害、或因日照不足或施工不良所導致的落葉而形成枯枝，或因外力傷害而使枝幹枯死或斷裂、或因養分水分的輸送障礙…等因素導致枝條呈現死亡及枯乾情況。	將成為病蟲害源的寄宿淵藪，並影響整體植栽的美感而有礙觀瞻，若屬大型枝條恐有掉落傷人之公安危險之虞。	因枝條已喪失其機能作用，故可判定立即修除。
常在生長旺季時期或是植栽幹體內部或外部受到損傷時，因為養分與水分的輸送障礙，因而積蓄養分而形成不定芽，進而萌發新生枝芽。	分蘗枝具有妨礙植栽營養的輸送分配、並會消耗浪費其養分與水分，且會造成相互競奪與破壞樹體外型美觀之虞。	若屬無須替代修補用枝時，可判定立即修除。
主要是人為的修剪作業操作不良，未能在修剪時將枝條自脊線到領環的正確下刀所導致。	幹頭會因萌生多芽而形成多枝，並使枝葉密集簇生而遮蔽日照及影響通風，時間一久將容易產生病蟲害及增加落葉量。	應連同宿存幹頭一併修除，必要時須進行傷口清創治療外科手術。
常因植栽營養過多、日照量均集中一處，因此逢生長旺季時就促使枝芽萌生能力強盛、生長極端快速伸長所致。	徒長枝若未修剪，將會使其愈發強勢的競奪大量的養份與水份，久之會影響其它枝條部位的生長，也會導致生理生長的弱勢與不良。	若屬無須替代修補用或更新復壯用枝時，即可短截修剪或立即修除。
常因為新生芽的萌生方向角度較為朝下，或因枝條在成長過程中的不斷分生枝芽過多，而使得重量逐漸增加而下垂。	持續下垂將影響樹冠下層的空間使用，並有礙整體樹型結構的美觀，且會產生樹體「偏重（斜）生長」現象，因而增加枝條斷落或樹體倒伏的危害風險。	得配合人車使用空間的大小予以短截修剪改善，或判定立即修除。

代號	不良枝名稱	其它別名	定義說明
7	平行枝	重疊枝、疊生枝、重生枝、水平枝、平枝、平生枝。	兩兩枝條的生長方向與位置，一個枝條位於正上方（亦稱為「平行上枝」），另一枝條位於正下方（即稱為「平行下枝」），相互形成兩兩上下平行且不相交的生長情況者。
8	交叉枝	纏枝、纏繞枝、糾纏枝、交錯枝、斜交枝、靠生枝。	兩兩枝條的生長方向與位置，呈現略為 X 狀的交叉與接觸的生長情況者。
9	叉生枝	叉枝、分岔枝、分叉枝、輪生枝、車輪枝、並生枝、夾心枝、分生枝、中生枝、中間枝、多生枝。	位於兩個「同等粗細或優勢的枝條」之中央部位所萌生的單一或多數枝條者。
10	陰生枝	腋生枝、腋生小枝、陰枝、懷枝、懷生枝、懷生小枝、腋下枝、腋下小枝、對稱枝、放射狀枝、車輪枝。	位於兩個「同等粗細或優勢的枝條」之兩外側凹處位置，所萌生的單一或多數枝條者。
11	逆行枝	逆枝、逆生枝、逆向枝、逆向小枝、逆行小枝、繞行枝、曲生枝、彎曲枝。	枝條呈現先由正常方向生長後，再發生改變方向的逆行彎曲生長，故呈現枝條迴轉彎折的奇特生長現象者。
12	忌生枝	忌枝、忌生小枝、內生枝、內行枝、向內枝、內向枝、內生小枝。	枝條呈現直接由樹冠的外側位置，朝向樹冠中心方向生長的型態者。

形成原因	不良影響	處置原則
常因為兩兩新生枝芽，後續所萌生形成的枝條生長方向角度，恰巧成為上下平行狀態。	「平行上枝」會影響「平行下枝」的日照採光及通風，而「平行下枝」會競奪「平行上枝」的養分水份，日久常會造成兩敗俱傷的不良情況。	視現況留存平行上枝或下枝，以填補樹體空間或使樹冠內部疏密度及對稱性得宜。
常因為兩兩枝條的生長方向角度，恰巧成為 X 狀的交叉接觸，或因兩兩徒長枝持續生長成 X 狀交叉接觸所致。	其枝條交叉接觸會造成兩枝的韌皮部受損而影響養份輸送、或因損傷及木質部而枯乾，不僅會破壞樹體美觀，也會使樹冠枝葉密度增加而影響採光與通風，如此將容易滋生病蟲害，並且會干擾其它枝條生長的空間。	將較瘦小或已受損較嚴重的枝條，判定立即修除，並施行傷口保護。
常因為兩兩同等優勢枝條中間萌生新芽，並持續萌發生長而成。	因枝條密度增加遮蔽樹冠內部的採光與通風，最終容易落葉形成枯乾枝，或滋生病蟲害危害樹木健康生長；且會破壞同等優勢枝條的結構性，容易遭受強風或外力而斷落。	可判定立即修除，必要時須進行傷口清創治療外科手術。
常因為兩兩枝條之兩外側如同腋下部位所萌生新芽，並持續萌發生長而成。	枝條會競奪上方枝條的營養水分與生長空間，嚴重時也會有礙整體樹型結構的美觀，並且產生樹體「偏重（斜）生長」現象，並且增加枝條斷落或樹體倒伏的危害風險。	可判定立即修除。
常因原生長方向正常的新芽或枝條，在成長階段或因外力或因氣候干擾，而使其發生逆行方向改變，造成枝條迴轉彎折的奇特生長現象。	逆行枝將嚴重影響整體樹型的美觀，並干擾其它枝條的合理生長空間，若是粗大枝條則在樹體構造上恐會有容易斷落的危害風險。	若無須為替代修補用枝時，即可短截修剪成側枝狀或全枝立即修除。
一般正常的新生芽所萌生方向是背向樹冠中心部位而向外開張生長，但是忌生枝是在幼芽萌發初期即發生向樹冠中心方向生長的情況。	忌生枝常與正常良枝形成交叉不良枝，因枝條密度增加而遮蔽樹冠內部的採光與通風，最終容易落葉形成枯乾枝，或滋生病蟲害而危害樹木的健康生長。	可短截修剪成側枝狀或全枝立即修除。

第5項工法「疏刪W判定」修剪法

樹木的「疏刪修剪」又稱為：疏剪、刪剪。

樹木如果是自然生長正常時，若以樹木主幹假想劃為中心線，再假想將樹冠層平均切分為左右兩部分，藉此判定樹冠層應該要呈現：枝條分布呈左右對稱、枝葉疏密度呈左右適當均衡透空，這些透空的點狀也會左右分佈得很平均，就如同 W 的字型一樣，能夠左右相同、左右對稱、左右適當均衡而透空；因此我們稱之為：「疏刪 W 判定」修剪法。

進行「疏刪 W 判定」修剪法，我們可以觀察樹冠層的枝葉疏密程度，先以樹木主幹假想劃為中心線，再判斷所切分為左右兩部分的樹冠層，其疏密程度是否有相同？對稱？平均？可以此來判定此次可以「疏刪修剪」的程度（意即：疏枝除葉修剪的最多量之修剪程度）。

如果發現：沒有如同 W 字樣的相同對稱，則可以將較密集的樹冠層，再度進行疏枝或疏芽的修剪以去除枝葉，並達到樹冠層左右兩部分的疏密程度一致對稱的良好情況。

如果經判定發現：已經有如同 W 字樣的相同對稱情況時，則此次可以不必再修剪了。

樹木的修剪運用了「疏刪 W 判定修剪」後，對於增進景觀維護管理上有諸多的實質效益。例如：使樹冠層內部的通風良好、採光增加，如此一來可以防治病蟲害的滋生與寄宿，因此就可以減少農藥的使用，來達到治療病蟲害的效果；因為使樹冠層遇強風吹襲時有適當的穿透性而減低風阻，不會產生較大風壓，因而可以防患風災，也可以減少支架固定作業的強度；由於樹冠層可以透空灑落日光，因此可以促使喜日照的草坪生長茂密，對於草坪修剪等管理而言也是助益良多；因為使草坪生長良好，則可以使植栽基盤表土層更加穩定，也能正常表現物化性質，對於土壤生物而言也能促進健康發展。

對於樹木的健康與營養管理而言，由於「疏刪修剪」使樹冠層的枝葉可以「去蕪存菁」作合理的分布，並維持適當的枝葉（營養體）量，所以讓樹木在有限的土地與日照空間中所獲得的有限營養與水分，均可以做最有效率的分配與運用，因此樹木的「營養（根莖葉）生長」作用及「生理（花果籽）生長」作用，都可以得到最大的效果。

換言之，利用「疏刪修剪」也可以減少樹木養分的消耗，並且可以將樹木自光合作用所獲取的養分作最有效的運用，因此就可以減少肥料的使用，但是仍然可以使樹木獲得理想的營養與生理的生長作用。

如圖例之樹木，若依其主幹為中心線將樹冠層分為左右兩部分，則可判斷其樹冠左右的枝葉疏密程度：是否有如同 W 字樣的左右相同對稱？是否有空隙相當呢？

結果觀察判定得知：櫸木的右側樹冠有五處較為透空，而左側僅有兩處透空，因此應該加強附圖中的櫸木樹冠左側之疏刪修剪的程度，以使其樹冠內部的枝葉疏密度能左右相同的對稱、均衡平均的透空。

繼續運用此項「疏刪 W 判定法」環繞樹冠觀察一周，即可依序判定此次「疏刪修剪」的「弱剪」程度，而加以適當的修剪到疏密度相同對稱的良好情況。

疏刪 W 判定修剪法

樹冠末梢疏刪修剪示範圖例

茄苳的樹冠層末梢過於密集而下垂，因此須加以「疏刪修剪」，先將分枝處較細小的下垂枝剪除。

榕樹雖然枝繁葉茂，但是樹冠層枝葉密集不透光，容易滋生病蟲害及遭受風災，因此需要「疏刪修剪」改善。

再將枝梢末端的「平行下枝」剪除。

菩提樹遭受不當截頂修剪而叢生許多不定枝芽，須以「疏芽疏枝修剪」及「疏刪修剪」加以改善。

將末端斷梢再生長的「幹頭枝」以「平行枝序方向修剪法」剪除。

再將枝梢基部分生的「平行上枝」剪除。

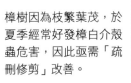

樟樹因為枝繁葉茂，於夏季經常好發樟白介殼蟲危害，因此亟需「疏刪修剪」改善。

茄苳的樹冠層末梢「疏刪修剪」完成。

第6項工法「短截V判定」修剪法

樹木的「短截修剪」又稱為：短剪、截剪。

樹木如果是正常的自然生長一段時間後，樹木的樹冠層末梢會齊頭並進的逐漸突出、擴張、下垂生長，因此愈年老的樹木會愈加的擴張其樹冠層，也就是讓人們覺得樹木愈長愈大、樹冠愈長愈多的模樣。

由於樹木自然生長下的樹冠層外觀輪廓是呈現圓弧形的，因此可以自然的躲避減免空氣流動較快的強風所吹襲危害，進而確保樹木聳立在大自然當中的安全無虞。但若樹冠層的外觀圓弧形輪廓線有突出、擴張、下垂的樹梢，則其會很容易的被強風吹折而有斷落的危害風險。

「短截修剪」就是要判斷及修剪：樹冠層的末梢與末梢之間所形成夾角狀的 V 字樣，並將 V 字樣低角點相互連線所形成的一道樹冠層外觀「圓弧形修剪輪廓線」，再依據此線將超過的樹梢修剪去除。因此我們將這樣的修剪方式稱為：「短截 V 判定」修剪法。

進行「短截 V 判定」修剪法，我們可以觀察樹冠層外觀輪廓的末梢與末梢之間所形成夾角狀的 V 字樣，並將 V 字樣低角點相互連線，其所形成的一道樹冠層外觀「圓弧形修剪輪廓線」，就是此次「短截修剪」的最大修剪程度（意即：將末梢枝葉長度修除的最多量之程度）。

如果有發現：如同 V 字樣的突出圓弧形修剪輪廓線的樹梢，則可以將此突出、擴張、下垂的末梢枝葉修剪去除，當 V 字樣的突出得多，就需要修剪得較多，如果 V 字樣的突出得短而少，則需要修剪得就短而少。

如果經判定並沒有發現：如同 V 字樣的突出圓弧形修剪輪廓線的樹梢情況時，則此次可以不必再修剪了。

樹木的修剪運用了「短截 V 判定修剪」後，對於景觀維護管理工作上也有良好的實質效益。運用這樣的「短截 V 判定」修剪，不僅不會妨礙樹木樹冠層的增生成長，卻又能有效及合理的控制樹冠層的成長速度，使其不會無限度的過分突出或擴張生長或過於下垂，因此修剪後可以獲得具有良好圓順度的樹冠層外觀「圓弧形輪廓線」，樹木如此一來就可以避免強風的吹襲，並能避免樹木的倒伏與斷落之危害風險。

對於在都市環境裡的樹木而言，由於「短截修剪」可以使樹冠層的圓順度完整，因此樹冠層的枝葉可以均衡的獲取日照量，所以能合理的進行光合作用並自行獲得養分；一方面也可以因為樹冠層的圓順度，來減免強風所可能帶來的倒伏與斷落的危害；再者，因為能保有適當的樹冠層，因此枝葉量（亦即：營養體量）足夠，就能使樹木可以永續的健康與美麗的成長。

換言之，如同前述的「短截修剪」一樣，也可以減少樹木養分的消耗，並且可以將樹木自光合作用所獲取的養分作最有效的運用，因此就可以減少肥料的使用，但是仍然可以使樹木獲得理想的營養與生理的生長作用。

如圖例之樹木，實施「短截修剪」可以觀察樹冠層外觀輪廓的末梢與末梢之間所形成夾角狀的 V 字樣，並將 V 字樣低角點相互連線，其所形成的一道樹冠層外觀「圓弧形修剪輪廓線」，就是此次「短截修剪」的最大修剪程度（意即：將末梢枝葉長度修除的最多量之程度）。

短截 V 判定修剪法

直立主幹型的樹木通常較需要「短截修剪」外觀輪廓，並且要考量樹木的日照量，千萬不要降低高度破壞修剪頂梢。

對於正在開花結果的樹木，可以等待花謝果熟後再進行「短截修剪」。

樹冠末梢短截修剪　示範圖例

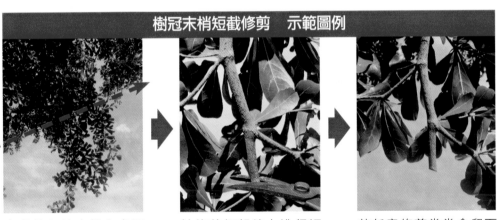

小葉欖仁的末梢突出下垂需要「短截修剪」。

於修剪假想線上進行短截修剪。

若任意修剪常常會留下凸出的不良裸枝。

正確的修剪下刀應平行枝序方向修剪。

正確的平行枝序修剪後傷口是呈現斜口狀。

小葉欖仁局部樹冠的「短截修剪」完成。

第7項工法「粗枝三刀」修剪法

　　木本植栽的整枝作業，可簡單區分為：「粗大樹幹」（簡稱：粗枝）與「一般小枝」（簡稱：小枝）的兩種操作方法，意即：「粗枝三刀法、小枝一刀法」。

粗枝與小枝的判斷方式

　　當樹木的枝條樹幹需要整修切鋸的位置，若以單手握持仍然無法握持穩定時（其直徑通常較粗大或分枝較多或枝條較長而且重量較重），則可判定為「粗大枝幹」。

　　假如植栽的枝條樹幹需要整修切鋸的位置，可以單手握持而且仍然可握持穩定時（其直徑通常較細小或分枝較少或枝條較短而且重量較輕），則可判定為「一般小枝」。

●「粗枝三刀法」修剪運用

　　「粗枝三刀法」的修剪主要是運用在：喬木類及大型灌木類的花木植栽，針對植栽整體造型美觀及需要，將粗莖、枝條、樹幹…等部位做適當的調整、裁除、切鋸…等作業。

　　由於「粗枝三刀整枝法」是整枝修剪作業中，會造成樹木傷口較大的一種作業方式，因此必須要採取正確的修剪下刀位置角度與步驟，才能確保樹木後續正常的健康成長。

　　因此正確的修剪下刀位置角度與步驟就必須採取：『自「脊線」的位置到「領環」的位置為修剪下刀的角度』，在每一次修剪時應就所要修剪的樹種，先判斷其枝條與枝條之間的脊線位置，再判斷其枝條外側的領環位置之外觀皺褶痕跡，並進行「領環組織」的正確辨別，藉此成為修剪下刀位置與角度的判定依據。

　　最後在修剪下刀時，仍須儘量貼近「脊線或領環」的位置下刀，但是不得傷及脊線、領環與領環組織膨大或突出的部位。絕對不可以修剪得太深！或太淺！否則會有不良的影響，並且妨害傷口的正常癒合與「樹洞」的產生。

●「粗枝三刀法」修剪作業詳圖：

可背誦記憶工法口訣：「先內下、後外上、再貼切」應用作業

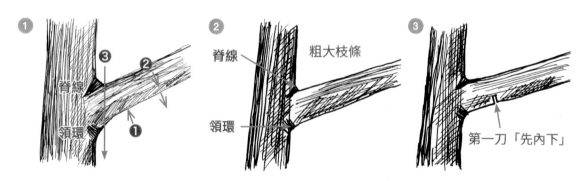

❶先內下（切入約1/3）
❷後外上（完全切斷）
❸再貼切（自脊線到領環下刀）

④

第二刀「後外上」

若枝條較粗重時，會形成雙L傷口斷面

⑤

第三刀「再貼切」
（自脊線到領環下刀）

●「粗枝三刀法」修剪示範：

可背誦記憶工法口訣：「先內下、後外上、再貼切」應用作業

1 第一刀「先內下」：

先在修剪切鋸枝乾的分生處之內側下方（約等同枝幹粗細處1:1的位置），由下往上「下刀」切鋸約枝幹直徑的三分之一深（若切鋸太深恐會夾住鋸子易造成工作危害）。

2 第二刀「後外上」：

隨後在距離「第一刀位置」的枝幹外側上方之「等同枝幹粗細距離」位置，再由上往下「下刀」完全鋸斷枝條。

3 第二刀修剪完成後：形成雙L傷口

「後外上」的第二刀切斷枝幹後，其雙L傷口斷裂面會停留在第一刀處而不會撕裂傷及樹皮。

4 第三刀「再貼切」：

須先確認「脊線」與「領環」的位置，再由「脊線」與「領環」連線角度的外側約0.5~1.CM的距離位置「下刀」修剪。

5 第三刀修剪完成：

「再貼切」的第三刀運用『自「脊線」到「領環」外移一公分下刀』的「工法口訣」修剪後，呈現良好的修剪後傷口，將有助益於日後傷口的正常癒合與植栽健康。

TIPS

除了「粗枝三刀法」及「小枝一刀法」的工法之外，請勿擅自以「二刀法」修剪，以免傷口木質部凸出而使其無法順利癒合。

第8項工法「小枝一刀」修剪法

　　「小枝一刀整枝法」主要是運用在：喬木類及大型灌木類的植栽，針對植栽整體造型美觀及需要，將粗莖、枝條、樹幹等部位做適當的調整、裁除、切鋸作業。

　　由於「小枝一刀整枝法」是整枝修剪作業中，會迅速造成樹木傷口的一種作業方式，往往就是「一刀兩斷」，因此操作的正確與否，將會直接影響植栽後續能否正常的健康與成長。

　　因此一刀法也雷同於三刀法，是運用「粗枝三刀法」的最後一刀之「再貼切」工法，也就是採取：『自「脊線」到「領環」外移（避開若有突出膨大的領環組織）下刀』方式，將枝條直接一刀切斷。

●「小枝一刀法」修剪作業詳圖：

可背誦記憶工法口訣：『自「脊線」到「領環」外移（避開若有突出膨大的領環組織）下刀』應用作業

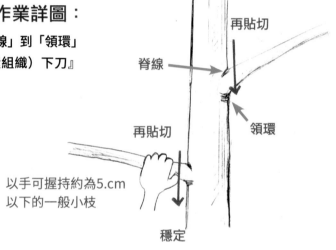

●「小枝一刀法」修剪示範：

可背誦記憶工法口訣：『自「脊線」到「領環」外移（避開若有突出膨大的領環組織）下刀』應用作業

「小枝」可以直接「再貼切」，「自脊線到領環外移一公分下刀」切除。

「小枝一刀法」修剪中與修剪後的良好情況。

自「脊線」到「領環」外移下刀，一定要做對！
這樣才能促使傷口自然癒合良好！維護樹木健康生長！

進行樹木修剪前必須要先認識「脊線」與「領環」的位置，因為修剪下刀的角度位置必須要能夠：自「脊線」到「領環」為角度外移（避開「領環組織」的環狀細胞）下刀切除時，這樣後續就能夠讓傷口順利有效的癒合良好、樹木也可以獲得健康的成長。

脊線

是指兩兩枝條相鄰使「環狀細胞（Collar）」擠壓形成一皺褶線狀者，即稱為「枝條樹皮脊線（Branch bark ridge，BBR）」，常簡稱為「脊線」，亦可稱之為「枝皮樑脊」或「樑脊」。

領環

是指枝條向外彎曲的下方因「環狀細胞」層層堆積所隆起形成的環狀疊層突起狀且其外觀猶如領口環狀者，故稱為「枝條領環（Branch collar）」，常簡稱為「領環」，亦稱之為「枝瘤」或「枝領」。

木本植物由於有「形成層細胞」因此可以不斷增生而形成年輪，並且使莖幹不斷的變粗；這種常會順延枝條下方生長的形成層細胞，也稱之為「環狀細胞」（Collar），如果樹木遭受到損傷時，環狀細胞可以協助進行癒合作用來保護傷口。

由於「環狀細胞」經常堆積於「領環」位置，所以會呈現：凸出或不凸出、明顯或不明顯的樣貌狀態，因此我們可將「領環組織」分為：平順不明顯型、下凸明顯型、全凸明顯型、環生明顯型、環凸明顯型等；而且這些「領環組織」的類型也有可能在同一種樹木中出現達兩種以上的不同類型樣貌。

當我們進行樹木修剪時，就必須正確的自「脊線」到「領環」為角度外移避開保留「領環組織（環狀細胞）」進行修剪下刀，這樣才能使領環的環狀細胞向上到達脊線位置後，促使「傷口癒合組織（wound closure）」形成良好，如此就可避免因傷口無法癒合而導致腐朽菌類的感染或是白蟻類的孳生蛀蝕，以致最終產生「樹洞」而危害樹木的健康與生長。

所以，如果沒有自脊線到領環正確下刀！傷口就會癒合不良！或是無法癒合！

此外，善用修剪「粗枝三刀法」口訣：「先內下、後外上、再貼切」，以及「小枝一刀法」口訣：「（再貼切）自脊線到領環外移下刀」。也可以提醒及協助記憶並成為作業的習慣，以免忽略修剪正確下刀的重要性。

● 領環組織「平順不明顯」型　自「脊線」到「領環」…外移下刀

台灣欒樹—脊線與領環樣貌圖

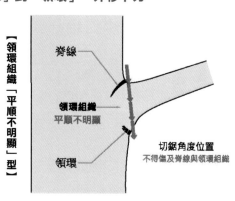

【領環組織「平順不明顯」型】

● 領環組織「平順連接」型　自「脊線」到「領環」…外移下刀

落羽松—脊線與領環樣貌圖

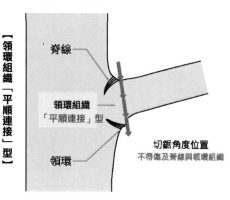

【領環組織「平順連接」型】

● 領環組織「下凸明顯」型　自「脊線」到「領環」…外移下刀

黃玉蘭—脊線與領環樣貌圖

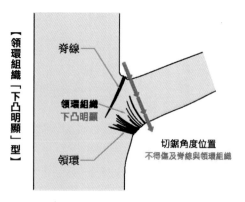

【領環組織「下凸明顯」型】

註　1.「脊線」（Branch bark ridge，BBR.）又稱：枝條樹皮脊線、枝皮稜脊、稜脊。
　　2.「領環」（Branch color，BC.）又稱：枝條領環、枝領、枝瘤。
　　3.「領環」組織亦稱為：環枝組織、脊領組織

Part 2 HOW 大如何修剪？

● 領環組織「全凸明顯」型　自「脊線」到「領環」⋯外移下刀

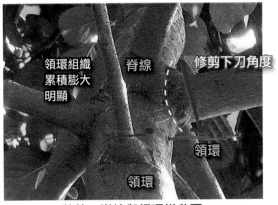

領環組織累積膨大明顯　脊線　修剪下刀角度

領環

領環

茄苳—脊線與領環樣貌圖

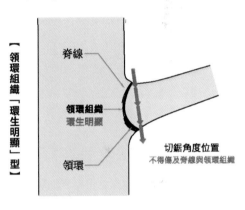

【領環組織「全凸明顯」型】

脊線

領環組織
全凸明顯

領環

切鋸角度位置
不得傷及脊線與領環組織

● 領環組織「環生明顯」型　自「脊線」到「領環」⋯外移下刀

脊線　修剪下刀角度

領環

島榕—脊線領環樣貌圖

【領環組織「環生明顯」型】

脊線

領環組織
環生明顯

領環

切鋸角度位置
不得傷及脊線與領環組織

● 領環組織「環凸明顯」型　自「脊線」到「領環」⋯外移下刀

脊線　修剪下刀角度

領環組織明顯

領環

黃槿—脊線領環樣貌圖

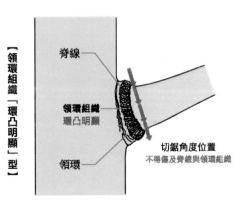

【領環組織「環凸明顯」型】

脊線

領環組織
環凸明顯

領環

切鋸角度位置
不得傷及脊線與領環組織

修剪部位若位於左右分枝之間有「上下脊線」而無「領環」時⋯ 可以「自上脊線到下脊線為角度」下刀！

　　樹木修剪下刀的角度，一般情況下應該自「脊線」到「領環」貼切。但是，如果遇到主梢斷折或乾枯時⋯，修剪位置是位於左右兩分枝之間，這時候，就可以如附圖一樣的採取：「自上脊線到下脊線為角度」下刀。如此一來，也較能使傷口在後續能逐漸癒合良好！

修剪部位若是直立主梢有「脊線」而無「領環」時⋯ 可以「自脊線約 45 度角」下刀！

　　此外，如果遇到頂梢斷折或枯乾時⋯，經常會無法看到「領環」的位置，所以這時候，就可以如附圖一樣的採取：「自脊線約 45 度角」下刀方式。如此一來，也較能使傷口癒合良好！

第9項工法「伐木四刀」修剪法

　　樹木有時候會因為植株枯死、或枝幹遭受病蟲害、或天災等外力的損害，因此使得直挺挺的大型枝條或樹幹須要裁鋸切除，因此就需要運用「伐木四刀修剪法」。

並且經常會使用在下列情況：

1、當大型植栽枯死後須要移除之前

　　樹木的枝幹遭受病蟲害或天災等外力損害因而枯死之後，常常會以挖土機（俗稱：怪手）進行移除，但若樹體非常高聳巨大時，若貿然以挖土機挖掘時，較會產生工程作業上的斷落危害，因此為了顧及作業上的安全，就必須先進行伐木修剪減少量體大小後，再進行挖掘移除才能兼顧工程作業安全。

2、遇有較垂直挺立枝幹須要修剪時

　　有些樹木的不良枝，是屬於較垂直挺立性的或是枝幹體積與重量較重的，這些情況若以「粗枝三刀法」修剪時，常會因枝幹樹體過重而夾斷切枝鋸或油電鏈鋸，因此對於這類大型垂直挺立的枝幹進行切鋸時，為了作業上的安全考量，除了應該要特別小心與注意之外，也要善用「伐木四刀修剪法」以免工作意外災害的發生。

判定修剪方法

　　「伐木四刀修剪法」可運用工法口訣：「倒向斜切、平切取木、對中鋸倒、鋸除幹頭」來協助作業進行。

　　由於本項修剪法可以「決定倒向」，因此除非伐木修剪有空曠區域可以讓第三刀修剪後，能順勢倒下也不會傷及人、車、建築等財產物品，否則特別建議要適度配合起重機具的吊掛協助，在即將伐倒鋸除的時候，藉由吊掛牽引固定來防止倒伏、或壓傷的意外發生。

●「伐木四刀」修剪法作業詳圖

可背誦記憶工法口訣：「倒向斜切、平切取木、對中鋸倒、鋸除幹頭」應用作業

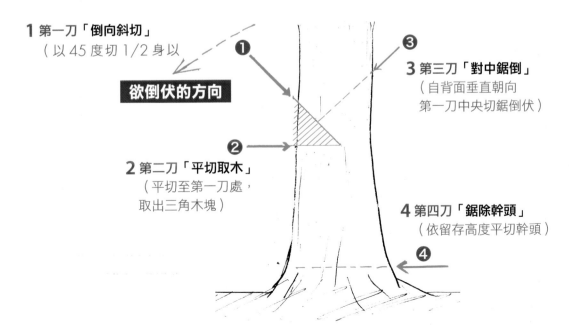

1 第一刀「倒向斜切」
　（以45度切1/2身以

欲倒伏的方向

2 第二刀「平切取木」
　（平切至第一刀處，
　取出三角木塊）

3 第三刀「對中鋸倒」
　（自背面垂直朝向
　第一刀中央切鋸倒伏）

4 第四刀「鋸除幹頭」
　（依留存高度平切幹頭）

●「伐木四刀法」修剪示範：

可背誦記憶工法口訣：「倒向斜切、平切取木、對中鋸倒、鋸除幹頭」應用作業

1. 第一刀「倒向斜切」：先於預設倒伏的方向位置，以45度角向下切鋸深入約幹徑粗細的1/2。

2. 第二刀「平切取木」：在同樣位置以水平角度切鋸接至前述第一刀的端點位置；水平角度切鋸至端點位置，即可取下類似直角等邊三角形的木塊。

3. 水平角度切鋸至端點位置，即可取下類似直角等邊三角形狀的木塊。

4. 第三刀「對中鋸倒」：自預設倒伏方向的背面反向位置，以45度角向下垂直朝向第一刀的斜邊中央位置，與第一刀的斜邊呈90度垂直角度切鋸至斷裂倒伏為止。

圖中為大型直立樹幹，故應配合起重機具吊掛協助，以策安全。

5. 第四刀「鋸除幹頭」：依據所欲留存高度，以水平角度切鋸至斷裂而完成。

第10項工法「斜上45度」修剪法

棕櫚類植栽：係指「棕櫚科」所屬的植栽，在外觀上具有：互生羽狀複葉或掌狀分裂複葉的所謂「椰子類」植栽。

判定修剪方法

修剪棕櫚類植栽時，須先確認植栽的「葉鞘分生處」（意即：「葉柄基部」的「葉鞘」部位），並且以此設定一條「水平」的「修剪假想範圍線」，以此作為修剪判定的基準。

棕櫚類植栽在一般「日常維護管理」的狀態下：植栽葉部末端若下垂超過「水平」的「修剪假想範圍線」以下時，則該葉片即可判定由葉柄基部完全修剪去除，這也就是「弱剪」。

倘若棕櫚類植栽是在「準備進行移植作業」的「補償修剪」情況下，則需要進行「強剪」，其修剪程度會較「弱剪」為重，「強剪」就是在植栽的「葉鞘分生處」（意即：「葉柄基部」的「葉鞘」部位），並且以此設定雙向「45度角斜線」的「修剪假想範圍線」，以此作為修剪判定的基準。植栽葉部末端若下垂超過「修剪假想範圍線」的雙向「45度角斜線」以下時，則該葉片即可判定由葉柄基部完全修剪去除。

當進行這些棕櫚類植栽的修剪時，若遇有「佛燄苞」花序或是開花枝或結果枝時，除非其開花與結果具有觀賞或採收利用的需求之外，否則應該要即時的加以修剪去除，以免徒然消耗樹體的養分。

若遇有**棕櫚類植栽（例如：大王椰子）**的老化圓筒狀葉鞘已略有分離莖幹部時，亦應加以剝離或修剪去除，以免其大型圓筒狀葉鞘因風力或外力作用下而掉落損傷人車。**若要預防筒狀葉鞘掉落傷人，可以於每年7-8月間，正確弱剪一次即可全年不掉葉。**

樹型若呈現「由中央開張放射狀」的其它植栽：例如：觀葉類（姑婆芋）、樹蕨類（筆筒樹、杪欏）、露兜樹（林投）類、蘇鐵類、王蘭類、龍舌蘭類…等枝葉呈現螺旋排列而由中央向外放射開張的樹型之花木植栽。也非常適合應用「斜上45度修剪法」進行修剪作業。

女王椰子「弱剪」前現況。

女王椰子「弱剪」完成。

●「斜上 45 度修剪法「強剪」作業詳圖」

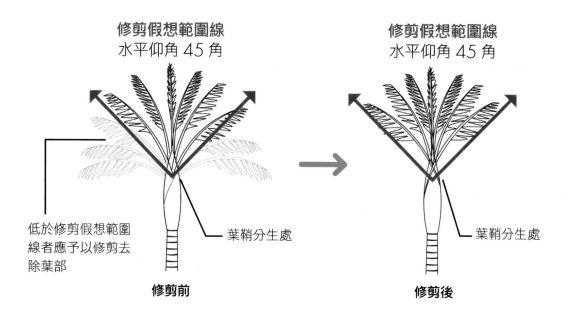

修剪假想範圍線
水平仰角 45 角

修剪假想範圍線
水平仰角 45 角

低於修剪假想範圍
線者應予以修剪去
除葉部

葉鞘分生處

葉鞘分生處

修剪前

修剪後

●「斜上 45 度修剪法「弱剪」作業詳圖」

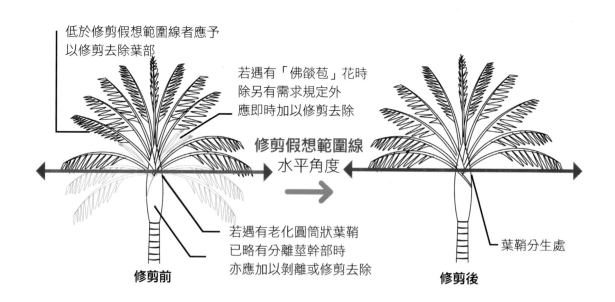

低於修剪假想範圍線者應予
以修剪去除葉部

若遇有「佛燄苞」花時
除另有需求規定外
應即時加以修剪去除

修剪假想範圍線
水平角度

若遇有老化圓筒狀葉鞘
已略有分離莖幹部時
亦應加以剝離或修剪去除

葉鞘分生處

修剪前

修剪後

●「斜上 45 度修剪法」示範

1.蒲葵的葉鞘分生處有許多不良的枯乾及凸出的葉柄。

2.先修剪不良的枯乾葉柄，可將修枝鋸由下而上呈現45度角向上斜切鋸除。

3.接著將凸出不良的葉柄，同前述方式亦以45度角向上斜切鋸除。

4.「葉柄基部45度角修剪法」所修剪後的傷口較小，較能避免病蟲害源的滋生與寄宿，也能呈現較佳的整體美觀。

5.蒲葵經由「葉鞘分生處水平線」判定後，再利用「葉柄基部45度角修剪法」完成。

●「斜上 45 度修剪法」應用圖例

棕櫚類植物的葉片應用「斜上45度修剪法」。

以剪定鋏或切枝鋸修剪時，刀刃皆以45度斜向進行修剪。

剪定鋏的刀刃口可以側向或朝上的方式形成45度角進行修剪。

應用「斜上45度修剪法」的切剪傷口會呈現倒三角對稱樣式。

「斜上45度修剪法」也適用於螺旋狀分生葉片的單子葉植物。

修剪後的切剪傷口會呈現倒三角對稱樣式。

修剪芭蕉科植物葉子也非常適用「斜上45度修剪法」。

可以剪定鋏或切枝鋸進行修剪。

正確的修剪後傷口會呈現倒三角對稱樣式。

芭蕉科植物也很適用「斜上45度修剪」。

棕櫚科植物適用「斜上45度修剪」葉鞘。

海棗類修剪後的葉鞘頭部傷口會呈現倒三角對稱樣式。

乾枯的葉鞘部位也須以「斜上45度修剪」。

蘇鐵類植物適用「斜上45度修剪」葉片。

龍舌蘭、王蘭類植物葉片也很適用「斜上45度修剪法」。

黃椰子修剪後的切剪傷口會呈現倒三角對稱樣式。

第**11**項工法「新竹高寬控制」修剪法

竹類植栽的「新竹」生長階段：是指竹稈為當年所新生的，因此每一節上及每一分生小枝或枝葉都是今年所萌發的新生階段。

所謂的「新竹高寬控制修剪法」，就是先進行新筍萌出長成新竹時，先將新竹的「頂梢摘心」進行「高度控制」的修剪；之後在等待約 1~2 週左右，其主稈節上開始分生小枝時，則可再度進行新竹「側枝摘心」的「寬度控制」修剪。

當竹類植栽正逢「新竹」的生長階段，也可以針對「老化竹叢」進行「更新復狀返回修剪」以促使其恢復生長勢及更新竹叢。

「更新復狀返回修剪」亦即是：將老竹稈從地面鋸掉，再進行培土拌合有機質肥後，經過澆水維護就可以等待新筍的萌發與成長，之後再循。

1、新竹高度控制修剪

當新生竹筍繼續長高、並且逐漸一節一節的向上伸展時，我們可以在新筍長到我們所想要的希望高度時，及時將頂梢摘心（即以手將末端頂梢轉折拔掉一節或以剪定鋏將心芽剪斷），這樣它就不會再繼續往上生長而停在此處，新竹的高度就控制住了。

2、新竹寬度控制修剪

接著再等待約 1~2 週左右時，即可看見新竹稈的每節上均有新生的小枝分生，並且會向兩旁伸展開來；所以，當新生小枝的新葉尚未完全長出來之前，其小枝會持續長寬，因此可以在小枝長寬到所想要的希望寬度時，及時將各側生小枝的心芽以手摘心（亦即將側生小枝末端心芽轉折摘除）或以剪定鋏將心芽剪斷，這樣它就不會再繼續往旁邊長寬而停在此處，新竹的寬度就控制住了。

●「新竹高寬控制修剪法」作業詳圖

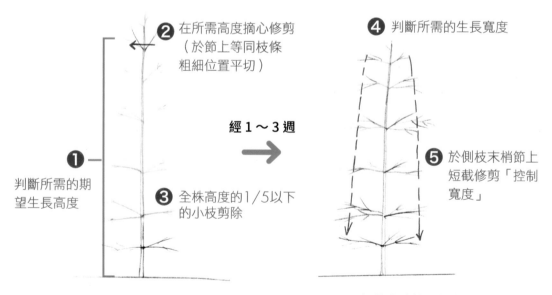

1. 新竹高度摘心控制　　　　**2. 新竹寬度摘心控制**

●「新竹高寬控制修剪法」示範

1. 春季新竹生長階段，可在所需要的高度處「摘心」修剪「控制高度」。

2. 桂竹短截修剪「控制寬度」作業。

3. 短截修剪「控制寬度」完成。

第12項工法「老竹三五小枝」修剪法

　　竹類植栽的「老竹」生長階段：是指竹稈每一節上除了有當年的新生小枝之外，也會留存有前一年生以上較老的小枝，並且新枝與老枝都會再長出一定的枝葉，構成竹類的整體外觀姿態。

　　所謂的「老竹三五小枝修剪法」：是將老竹的竹稈，在每一節上的「分生小枝」部位，必須在每年「生長旺季」期間進行一次「疏枝疏芽」的作業，就稱之為「老竹三五小枝修剪法」，也稱為：「老竹三五疏枝修剪法」。

　　在作法上是根據竹類植栽具有在節上分枝的兩種特性：一種是「叢生多數小枝」、另一種是「分生 1~3 小枝」；因此在修剪作業方法上需要區分為以下：

1、「分生 1~3 小枝」應「疏枝僅留 3~4 小枝」：

　　每年可於竹稈的每節分生小枝處，進行疏枝疏芽作業，也就是將分生多數的小枝，採取間隔摘除或是留存生長較好的小枝，使每一節處僅須留存 3~4 小枝，並使其平均分佈即可。

2、「叢生多數小枝」應「疏枝僅留 4~5 小枝」：

　　每年可於竹稈的每節叢生分枝處，進行疏枝疏芽作業，也就是將叢生的多數小枝，採取間隔摘除或是留存生長較好的小枝，每一節處僅須留存 4~5 小枝，並使其平均分佈即可。

3、竹稈基部數節小枝剪除不留原則：

　　而無論是「叢生多數小枝」或是「分生 1~3 小枝」的竹類植栽，其竹稈自地面基部算起約為竹類植栽總高度的 1/5 處，可將竹稈基部的各節上所分生的小枝，予以全部剪除不留，以保持竹稈的地表部分之採光、通風良好也可避免病蟲害的寄宿與滋生。

●「老竹三五小枝修剪法」作業詳圖

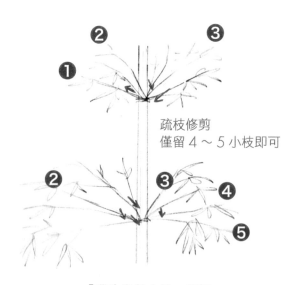

疏枝修剪
僅留 4～5 小枝即可

1.「叢生多數小枝」竹類

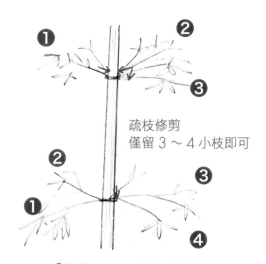

疏枝修剪
僅留 3～4 小枝即可

2.「分生 1～3 小枝」竹類

1.唐竹種植數年後的竹稈每節會叢生許多小枝而顯得雜亂密集。

2.唐竹修剪前(種植二年的每節分生小枝現況)。

3.可以手指抓捏反向折下小枝葉。

4.也可剪定鋏剪除較粗硬的小枝。

5.唐竹修剪後(竹稈的每節留下3～5小枝)。

6.唐竹經修剪後的竹稈每節分生3～5小枝而顯得清爽及疏落有致。

修剪後的傷口保護作業

花木修剪後，植栽一定會有傷口，傷口後續如果無法癒合、或是癒合不良，致使傷口的木質部位暴露在自然環境下，若任由日曬雨淋常會導致蟻類害蟲的啃蝕、或腐朽菌類的侵害而滋生像似菇類的子實體，進而使莖幹腐爛破壞植栽的整體結構，一段時間後就會因腐朽形成「樹洞」，直接影響樹體的支撐作用力或水分及養分的輸送能力，最終漸漸趨於敗勢而死亡。

大自然中的腐朽菌類會侵害木質部而滋生像似菇類的子實體。

因修剪不當而腐朽並形成樹洞。

正確的「自脊線到領環下刀」就能保護傷口

其實木本類花木植栽都具有「形成層細胞」組織，因此可以不斷的增生而有所謂的年輪，並且可使莖幹不斷變粗；這種常會順沿枝條下方往上生長的形成層細胞，也稱為「環狀細胞」(Collar)，在向上包覆枝條的過程中即能累積形成「領環組織」。

「環狀細胞」在樹幹枝條兩兩分生之間，均會造成樹皮產生一道明顯可供辨認的皺摺線條，這種皺摺線的外觀就簡稱為「脊線」。

若是「環狀細胞」在樹幹枝條兩兩分生之外側，因其彎曲下方處會聚集大量「環狀細胞」，因此「環狀細胞」經過彎曲壓縮而隆起，就會形成一淺淺的環狀凸起猶如領口皺褶般的痕跡，則簡稱為「領環」。

所以，在進行木本類花木植栽的修剪前，必須先認識「脊線」與「領環」的位置，下刀的角度位置如果也能貼近自「脊線」到「領環」為角度的下刀切除，傷口便能順利癒合，這也就是最佳的傷口保護方式。

修剪下刀角度
脊線
領環
領環

每次修剪應自脊線到領環外移下刀。

給修剪傷口多一層保護，塗佈傷口保護藥劑

　　木本類植栽修剪切鋸後，如果傷口直徑較大，達到3公分（約50元硬幣大小）直徑以上時，建議在修剪後即刻實施塗佈傷口保護藥劑作業，藉以消毒傷口以避免腐朽菌類的感染及白蟻的啃食危害。

　　目前，樹木用的「傷口保護藥劑」種類繁多，若是購買現成製造品者，其商品名稱或者稱為：傷口癒合劑，癒合藥膏…等，無論是進口或國產品牌，其實都無法真正的促進樹木傷口癒合，因為在現階段，世界上仍然沒有發明有「樹木傷口癒合」的藥物或藥劑。

　　再者，可能有許多使用傳統配方或是道聽塗說所調配的偏方藥劑，例如：塗佈：油漆、透明漆、洋干漆、塗佈樹脂白膠，抹上水泥、塗抹黏土、等方法，都無法保護樹木修剪後的傷口，甚至會影響其正常的傷口癒合。

　　例如：塗佈樹脂白膠，時間一久常常在樹木的傷口表面形成一層類似塑膠皮般的薄膜狀，其常導致傷口內部表面凝聚水分，因水分無法蒸散而滋生其他病原菌呈現發霉狀態，並妨礙傷口的正常癒合或癒合組織的增生。

　　由於前述的「傷口保護藥劑」無法滿足修剪工作的專業需求，因此筆者經過近二十年來的實務工作研究及不斷改良，在此分享：「中利配方傷口保護藥劑」調製方法。這款「傷口保護藥劑」可以有效保護樹木的傷口在癒合過程中，可以避免遭受大自然中的腐朽菌類的感染及白蟻的啃食危害，且其材料容易取得、購買價格低廉又份量十足，自行調配不僅快速又容易，也非常安全及便利，又能確保樹木傷口保護的長時間的消毒防護效果。

塗佈「中利3號配方」傷口保護劑

塗佈「中利4號配方」傷口保護劑

「中利配方傷口保護藥劑」調配方法

1. 準備家庭號約6000.cc大型寶特瓶一個，並裝滿約九成的水為5000～6000.cc備用（或是 1500.cc 寶特瓶一個，並裝滿水約1500cc備用）。

2. 取出「（三泰芬）5.%粉劑」倒入大型寶特瓶瓶蓋約六～七分滿即約為10.g量，再倒入前述的寶特瓶內與約5000～6000.cc水中，關閉瓶蓋後搖一搖使其均勻稀釋成約500倍的（三泰芬）稀釋藥液。

3. 準備一個小水桶及調和棒子後，將一般的石灰粉取適量倒入水桶中。

4. 再於小水桶中倒入前述之「三泰芬5%的500倍水溶液」。

5. 調和均勻後即可成為「中利3號配方～傷口保護藥劑」。

6. 同前述先準備好「中利3號配方傷口保護劑」之後，再取出「墨汁」（天然製品：黑、綠、紅、藍…色皆可）倒入，經調和均勻後即可成為「中利4號配方～傷口保護藥劑」。

1. （三泰芬）是「系統性殺菌藥（粉）劑」，因此對於供應食用的果樹類植栽修剪時，建議不要使用，以免有誤食中毒之虞。

2. （三泰芬）若在台灣地區，未來停產或購買不易時，亦可選用：（待克利）、（三得芬）、（護矽得）等藥劑替代使用。

3. 在使用「傷口保護藥劑」過程中…如果藥劑乾了，可以再加入「（三泰芬）稀釋藥液」進行溶解並調和均勻後使用，切勿僅以清水進行溶解及調和使用。

修剪正不正確，日後仍可鑑定與判斷

花木植栽的「修剪正確或不正確」，是可以在作業之後藉由觀察修剪切鋸的傷口來進行檢查與評判，而且其日後癒合的情形也可進行鑑定與判斷，因此，觀察修剪後的傷口可以作為整枝作業的驗收或評估的參考項目。

根據切鋸作業的方式及日後癒合良莠的情況，可略分為下列「未能自『脊線』到『領環』正確下刀」的修剪狀況八種類型：

1.修剪的角度與位置正確，日後才能癒合良好健康。

2.傷口癒合完整良好情況→如同「綠寶石」般完整。

3.不當修剪切除上方脊線→造成傷口上緣癒合不良。

4.不當修剪切除下方領環→造成傷口下緣癒合不良。

5.不當歪斜的未貼齊修剪→傷口側邊緣將癒合不良。

6.修剪切除過深脊線領環→傷及韌皮部及癒合不良。

7.未貼切脊線領環留過長→傷口久久難癒合而腐朽。

8.未完全修剪切除木質部→傷口因木質部無法癒合。

9.不當修剪造成撕裂損傷→造成主幹及韌皮部損傷

如何判斷修剪後的傷口是否正確？

脊線正確、領環正確

脊線正確、領環不正確

脊線不正確、領環不正確

脊線不正確、領環正確

修剪後的傷口不平順

修剪後的傷口平順

修剪後的枝葉有機垃圾應該如何利用？

　　樹木修剪作業後，常常會產生一些為數不少的樹幹枝葉垃圾，這些所謂的垃圾其實也是一項有機資源，因此將修剪後的樹幹枝葉…或許不要稱之為：垃圾，而是稱之為：有機資源垃圾，應該會更貼切。

　　修剪後的樹幹枝葉，既然是屬於「有機資源垃圾」，那麼應該要如何加以利用才好呢？

　　以現階段普遍的處理方式而言，通常這一類的枝葉垃圾在修剪工作上，都會在工作現場予以「分類存放」，將較粗的枝幹、較小的細枝、更瑣碎的枝葉等——的分類堆置存放，然後再依序安排清運及後續處理。

清運處理的方式也不外乎有以下幾項：

一、運送到各縣市合法的掩埋場進行最終掩埋。

二、運送到各縣市合法的焚化爐進行最終焚化。

三、運送到私人單位的置放場進行臨時性存放。

四、運送到私人單位的收集場進行再利用處理：

　　1. 碎木處理後提供製作膠合板材用

　　2. 碎木處理後菇蕈類生產業者的栽培太空包介質用

　　3. 碎木處理後進行製作腐熟堆肥供栽培作物用

　　4. 碎木處理後於作物的表面進行堆置覆蓋物。(比較不環保，不建議使用)

　　5. 碎木處理後提供作為火力用之燃燒原料。(比較不環保，不建議使用)

　　其實，以上的各種方式都是為了使這些產生非常不易的樹幹枝葉有機資源垃圾，能夠透過回收再利用的程序，來促進永續環保與資源回收的有效運用。

　　然而，其中的第 4 及 5 項的作法則是比較不環保的作法，因此應該避免這樣的利用方式。

　　因為，將枝葉碎木處理後成為木屑，再將木屑於作物或植栽的表面進行堆置，如同覆蓋物一般。這樣的利用處理模式其本意應該是想如同「堆肥」般的利用，殊不知這樣的結果，往往會導致植栽罹患病蟲害，尤其是台灣地區的高溫潮濕環境，更容易引來白蟻及靈芝腐朽菌類或木材腐朽菌類的危害。

　　古希臘哲學家「哭的哲學人」赫拉克利特，曾經說過：屍體比肥料更沒有價值。

　　我們應該了解：那些未經發酵腐熟的枝葉，就如同植物的屍體一般，在尚未成為肥料時，是比屍體還更沒有價值的。

　　再者，將枝葉碎木處理成木屑後，再提供作為火爐類的火力燃料。這樣則是一種將固態的碳元素氣化為碳元素，並使其返回大氣層之中，如此將增加大氣層中的 CO_2 濃度，並且影響地球的暖化、增加臭氧層的濃度、導致熱島效應的密集度…等有礙地球的生態與環保。

　　因此，修剪後的枝葉有機垃圾應該如何利用？

　　個人建議：應該由政府相關環保單位在各縣市地區廣設「枝葉有機資源垃圾回收場」，進行回收處理成腐熟的堆肥後，再提供或販售予有需要的個人或單位使用。並且應嚴格取締非法的燃燒或傾倒丟棄，也要善加勸導不要在喬木或灌木的植栽地表處鋪放木屑為堆肥的錯誤作法。

修剪正確與否的傷口判斷圖例

未正確貼切「脊線」及「領環」位置。

正確貼切「脊線」及「領環」位置。

肉桂採取「三刀法」修剪。

未正確貼切「脊線」及「領環」位置。

正確貼切「脊線」及「領環」位置。

這個枝條為「下凸型」領環組織。

未正確貼切「脊線」及「領環」位置留太長。

錯誤切除到「脊線」且傷口「不平順」。

錯誤切除到「領環」位置。

修剪後環境清潔注意了嗎？

1.如遇有較粗大樹幹會有鋸除後壓壞下方人車物品的危險時，可先以吊車將枝幹固定後再進行鋸除。

2.搬運枝葉垃圾應隨時注意作業區域及搬運動線上的修剪枝葉墜落安全問題。

3.枝葉樹幹垃圾若無法立即清運處理，應整齊暫置於現場，以不妨礙人車通行與安全的處所為原則，或以標示或圍界區隔。

4.善用電動吹葉機將木屑及枝葉集中清潔。

WHAT
10 大類植栽修剪圖解

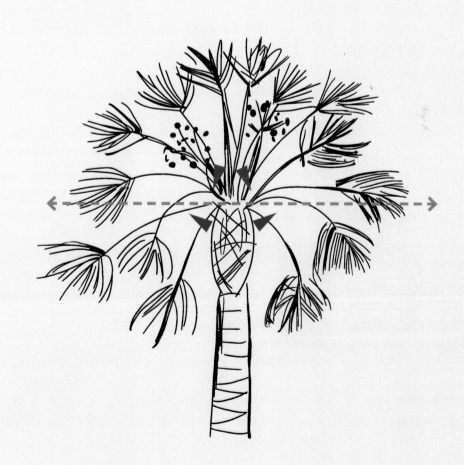

草本花卉類──修剪要領

/**性狀分類**/草本花卉類

/**定義**/

以植物的花為主要觀賞目的之草本植物；常依據其生命週期特性分為：一二年生、多年生、宿根性三類。

/**修剪要領**/

1、平時要多利用摘心摘芽調節莖葉生長方向

2、花謝後應立即剪除開花枝避免其後續結果

3、花期後遇有莖部萌發新芽時即可剪除老莖

植栽應用分類	一二年生

/**強剪適期判斷通則**/

1、花謝後可立即「弱剪」剪除開花枝。

2、植栽於一二年間會結束生命週期，故後續無須進行強剪。

/**強剪適期之建議季節期間**/

依各種植栽開花時期決定

/**例舉常見植物**/

一串紅、金魚草、向日葵、紫萼鼠尾草、白萼鼠尾草、鼠尾草類、薰衣草類、皇帝菊、黃帝菊、金毛菊、萬壽菊、雛菊、孔雀草、矢車菊、千日紅、雞冠花、紅心藜、大波斯菊、黃波斯菊、醉蝶花、蜀葵、風鈴草、瓜葉菊。夏菫類、美女櫻、矮牽牛、歐洲牽牛、百日草、報春花、虞美人、洋桔梗、秋葵類。九層塔、羅勒類、甜菊、福祿考、紫茉莉、三色菫、雜交香菫、五彩石竹、日本石竹、美國石竹、瞿麥、新幾內亞鳳仙花、櫻草花。

植栽應用分類	多年生

/**強剪適期判斷通則**/

1、花謝後可立即「弱剪」剪除開花枝。

2、「生長旺季」萌芽期間得「強剪」。

/**強剪適期之建議季節期間**/

依各種植栽開花時期決定

/**例舉常見植物**/

情人菊、瑪格麗特、非洲鳳仙花、鳳仙花、非洲菫、非洲菊、水鴨腳、蘭嶼秋海棠、圓果秋海棠、

南投秋海棠、四季海棠、法國海棠、銀葉菊、猩猩草、金蓮花、香雪球、觀賞辣椒類、天竺葵類。日日春、土丁桂、芝櫻類、馬齒牡丹、松葉牡丹、裂葉美女櫻、羽裂美女櫻、嫣紅蔓類、丫蕊花、黃花鼠尾草、圓葉洋莧、藍金花。翠蘆莉、矮性翠蘆莉、天使花、繁星花、羽扇豆、香蜂草、彩葉草類、紫羅蘭、金魚草、長萼瞿麥、櫻草花、紫錐花、風鈴草、毛地黃。檸檬香茅草、台灣月桃、斑葉月桃、屯鹿月桃、紅花月桃、山月桃、普萊氏月桃、島田氏月桃、川上氏月桃、烏來月桃、馬蝶花、沿階草類、桔梗蘭、斑葉桔梗蘭、蜘蛛抱蛋、油點百合、白鷺莞、莎草類、高氏球子草、矮球子草、菖蒲類、水竹芋。

植栽應用分類	宿根性

／強剪適期判斷通則／

1、花謝後可立即「弱剪」剪除開花枝。

2、「生長旺季」萌芽期間得「強剪」。

／強剪適期之建議季節期間／

依各種植栽開花時期決定

／例舉常見植物／

射干、黃花射干、萱草、鳶尾類、日本鳶尾、德國鳶尾、荷蘭鳶尾、巴西鳶尾、紫花鳶尾、水蠟燭、鳶尾類、日本鳶尾、德國鳶尾、荷蘭鳶尾、巴西鳶尾、紫花鳶尾、水蠟燭、沿階草、銀紋沿階草、大葉沿階草、高節沿階草、麥門冬、大葉麥門冬。海水仙、文珠蘭、野薑花、薑荷花、小鳥蕉、赫蕉類、天堂鳥、睡蓮、荷花、萍蓬草、印度莕菜、菱角類、長萼瞿麥、玉簪類、紫蘭、大仙茅。百合花類、台灣百合、鹿子百合、鐵炮百合、風信子、繡球蔥、鬱金香、大理花、美人蕉類、鶴頂蘭類、女王鬱金、地湧金蓮、海芋。孤挺花、君子蘭、矮性結梗、大岩桐、仙客萊、球根海棠、麗格海棠、水仙花類、百子蓮、菊花類、油菊、芳香萬壽菊、黑星菊、藍冠菊、金球菊、金雞菊、重瓣大金雞菊、天人菊、勳章菊、穗花木藍、虎杖類、台灣蒲公英、西洋蒲公英、茴藿香、紫扇花。

／維護管理作業年曆／

植栽應用分類	1	2	3	4	5	6	7	8	9	10	11	12
一二年生	□	□	□	□	□	□	□	□	□	□	□	□
多年生	□	□	□	□	□	□	□	□	□	■▲●	□	□
宿根性	□	□	□	□	□	□	□	□	□	□	□	■▲●

1、表示當月需要作業的項目，□弱剪、■強剪、△支架檢查固定、▲基盤改善作業。
2、表示肥料●。

01 一串紅　花謝後立即剪除花後枝即能延長花期

3 剪除枯謝花枝
2 剪除枯黃老葉
1 拔除地表雜草

1 修剪前看見：枯花、枯枝、黃葉現況。

2 先拔除清理植株下方的雜草及枯乾枝條。

3 將開花後之花後枝、枯乾枝條一一剪除。

4 花後的剪定作業完成。

02 夏堇　花季後應將老化的枝葉剪除即能復壯

草本花卉類

地被類　觀葉類　灌木類　喬木類　棕櫚類　竹竹類　蔓藤類　其他類　造型類

1 拔除地表雜草

2 剪除枯黃老葉

3 過長老枝於節上剪除

4 剪除枯謝花枝

❶ ❷ ❸ ❹

BEFORE

1 修剪作業前，看見正在綻開的花，夾雜著花謝後的枯乾花枝及雜草。

2 先拔除清理植株下方的雜草。

3 輕輕拉起開花後的花後枝後，再以剪定鋏於下方的節上剪除。

4 花後剪定完成之傷口，對生葉序宜成「平口」。

AFTER

5 花後剪定完成：花朵數目雖呈略少，但數日後即能再見花開整齊情況。

03 九層塔　多多摘心摘芽，就能分枝茂盛產量提升

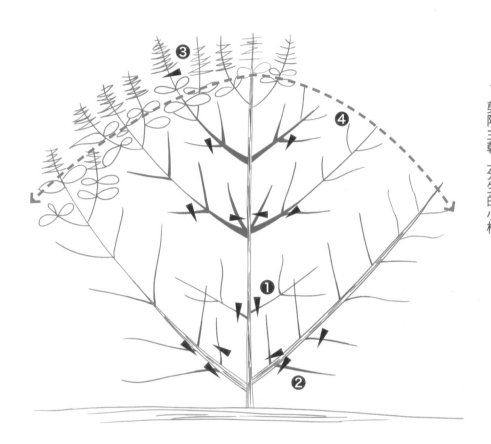

4　依自設「修剪假想範圍線」剪除各枝末梢頂芽
3　剪除枯謝花枝
2　剪除各分枝的基部小枝
1　剪除主幹上分生的小枝

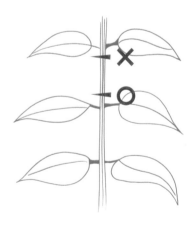

PS　**正確的修剪：**應於節上等同枝條粗細位置下刀

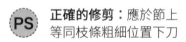

草本花卉類

地被類・觀葉類・灌木類・喬木類・棕櫚類・竹竹類・蔓藤類・其他類・造型類

1 修剪作業前現況。

2 先從細小而繁雜的枯乾枝開始修剪起。

3 枯乾枝下段仍有效存活的枝條須保留（可以指甲摳樹皮的乾溼情況判斷）。

4 第一階段枯乾枝皆剪除完畢之情況。

5 就整體評估新芽分生較密集處做為短截修剪假想範圍線。

6 依此範圍線將過長的枝或芽進行摘心摘芽及剪枝。

7 摘心摘芽及剪枝應於節的上方修剪。

8 修剪作業完成情況。

9 修剪一個月後的生長情況～新芽已茁壯成葉。

179

04 日日春 （盆栽） 花季後應將老化的枝葉剪除即能復壯

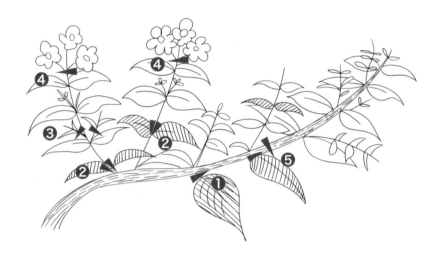

1 除枯黃枝葉

2 剪除黃化老葉

3 過於密集的新芽可以剪除

4 遇有花謝部分即刻剪除

5 遇有花謝部分即刻剪除

BEFORE

1 現況有，開花後老化而黃化枯乾的枝葉。

2 先剪除開花後枝條，自下方新生分枝節上貼齊枝序角度剪除。

AFTER

3 必須選擇已萌芽的節上修剪，切勿僅於下方節間上作任意的修剪。

4 修剪時應垂直枝條角度為90度角，剪成平口。

5 逐一檢視各枝條進行修剪完成。

05 翠蘆莉　每個花季結束後應作短截的更新復壯修剪

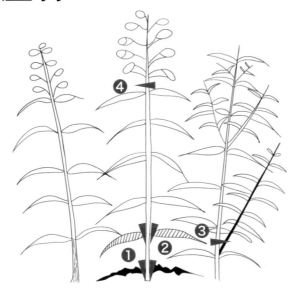

草本花卉類

地被類　觀葉類　灌木類　喬木類　棕櫚類　竹竹類　蔓藤類　其他類　造型類

4 剪除枯謝的花枝將老枝剪除僅留新枝除遇有老枝基部萌生新枝，即可

3 剪除枯黃老葉

2

1 剪除枯乾老葉

1 修剪前現況：僅有數朵開花後之花枝。

3 於已開花後之花枝的下方節上直接剪除。

4 剪枝方式採取對生枝序於節上「同莖粗細距離」平剪（剪成平口）。

5 整體花後剪枝修剪作業完成，會猶如沒有操作一般的自然。

06 檸檬香茅　善用修剪摘除老葉利用也能維持健壯

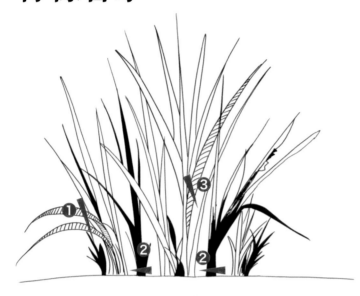

1 平時遇有枯黃葉隨即剪除

2 剪除枯黃分株

3 過於密集老葉可剪下供運用

1 修剪前，葉片密集生長略有老化現象。

2 可將外側老葉以手摘除，可直接提供餐飲用或沐浴用、亦可曬乾備用。

3 整體修剪作業完成情況（間植戟草不會影響生長故可留植）。

4 切勿直接以刀剪除，除了不美觀之外亦恐將破壞其生長點而阻礙生長。

07 海水仙　每年冬季應將老葉老株剪除以利春夏成長

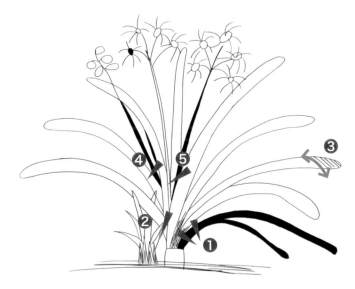

1 剪除枯樹的花枝
2 遇有結果枝莖部即刻剪除
3 葉尖枯黃部分順其葉形修剪
4 剪除缺損嚴重葉部
5 剪除枯乾或黃化老葉

1 花季後發現：受損莖葉、老化而枯黃莖葉。

2 先從葉鞘基部，將枯黃莖葉以手抓握拔除。

3 檢視各子球間是否生長過於密集，若過於密集時可作分株。

4 弱剪完成。

08 百合花類 每次開花後應將枯黃莖葉自地面剪除後培土追肥

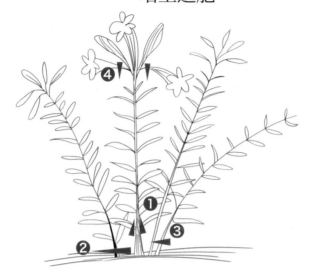

4 花謝部分隨時修除

3 表處剪除
過於密集的弱細新生芽可自地

2 地表處剪除
開花後全株呈現枯黃時，須自

1 剪除枯黃老葉

BEFORE

1 在百合開花後，呈現莖葉枯黃時即可進行修剪。

2 以剪定鋏，用平貼地面方式將花莖剪除。

AFTER

3 修剪後建議可以使用有機堆肥覆蓋整平表土為佳。

09 孤挺花　開花後的花莖應即時剪除以免結果消耗養分

1 剪除枯黃老葉
2 隨時剪除花謝部分
3 開花後全株應自葉鞘部剪除，勿使其結果

1 盆栽開花後，呈現花枝結果現象。

2 以剪定鋏，用平貼地面方式將花莖剪除。

3 修剪完成。

10 射干　開花後的花莖及老莖應即時剪除

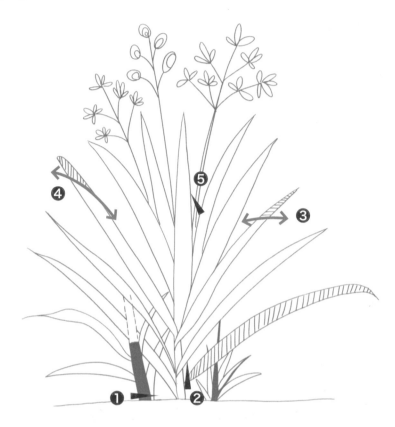

1 枯乾黃化老莖可自基部剪除
2 枯黃老葉剪除
3 葉尖枯槁黃化可順葉形修剪
4 葉緣缺損黃化可順葉形修剪
5 開花後的花枝即刻剪除

1 修剪前發現：花後枝、結果枝、受損莖葉、去年生老莖。

2 先從葉鞘基部，順著枝序方向將花後枝及結果枝剪除。

3 各花枝的開花後之花序亦須逐一檢視而剪除。

4 繼續將枯黃或去年生的老莖進行剪除。

5 遇有斷折的莖，可由下方節上順著枝序方向將其剪除。

6 剪除老莖完成後之傷口要陰乾，應暫時不要澆水。

7 各剪定之角度可順著枝序方向進行。

8 若老莖周邊有新生分蘗芽時，可自地面將老莖平剪去除。

9 修剪完成。

草本花卉類

地被類、觀葉類、灌木類、高木類、棕櫚類、竹竹類、蔓藤類、其他類、造型類

11 情人菊 花謝後不斷的剪掉花枝就能持續開花

1 2 3 4
遇有花謝即刻剪除
剪除花謝部分，留下新生枝葉
剪除枯黃老葉
剪除枯枝

BEFORE

1 修剪前，全株多有凌亂的枝條。

2 自基部修剪枯乾枝。

AFTER

3 若遇有較粗或較長的枝，可以採取分段修剪方式進行。

4 將已開花後之花梗直接摘花剪除。

5 整體剪枝及摘花修剪作業完成。

地被類──修剪要領

/**性狀分類**/地被類

/**定義**/

以觀賞為目的的植栽，其具有匍匐性或旁蘗性可多方延長衍生其莖葉的草本或木本類植物，且生長高度通常在 0.3M 以下者。

/**修剪要領**/

1、可適當貼平地面「弱剪」新生莖葉末梢
2、「強剪」僅留老莖後再配合培土及施肥

植栽應用分類	全類型

/**強剪適期判斷通則**/

1、花謝後可立即「弱剪」剪除開花枝。
2、「生長旺季」萌芽期間得「強剪」。

/**強剪適期之建議季節期間**/

夏秋季間：端午至中秋期間

/**例舉常見植物**/

薄荷類、百里香類、馬蹄金、錢幣草、冷水花、紫錦草、鴨跖草、水竹草、鈍葉草、玉龍草、紅毛莧、紅莧草、綠莧草、雪莧、法國莧、翠竹草、天胡荽。蔓花生、金腰箭舅、馬蘭、蔓性野牡丹、遍地金、倒地蜈蚣、濱馬齒莧、蟛蜞菊、南美蟛蜞菊。黃金葛類、白金葛、蔓綠絨類、觀葉甘藷類、馬鞍藤、毬蘭、班葉毬蘭、金絲草、圓葉布勒德藤。

/**維護管理作業年曆**/

植栽應用分類	1	2	3	4	5	6	7	8	9	10	11	12
全類型	□	□	□	□	□	■▲●	□	□	□	□	□	□

1、表示當月需要作業的項目，□弱剪、■強剪、△支架檢查固定、▲基盤改善作業。
2、表示肥料●。

草本花卉類｜**地被類**｜觀葉類｜灌木類｜喬木類｜棕櫚類｜竹竹類｜蔓藤類｜其他類｜造型類

01 薄荷類　萌芽期間可針對較散亂的匍匐莖予以剪除

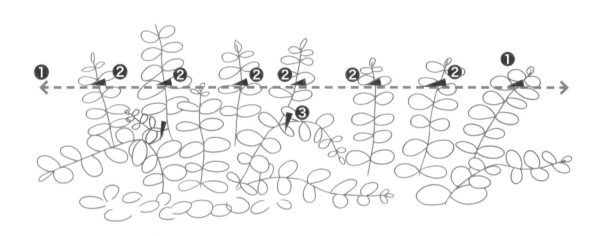

1 2 3 4
剪除過於雜生長的枝葉
剪除枯黃老枝葉
超過範圍線的莖葉可逐次剪除後運用
設一理想高度的修剪假想範圍線

1 修剪作業前情況。

2 自地表面將新生匍匐莖剪除。

3 下垂的新生匍匐莖剪除後之情況。

4 根據較齊平的頂芽設定「修剪假想範圍線」藉此判斷整體須修剪程度。

5 在「修剪假想範圍線」上剪除各枝頂芽。

6 對生葉序者，須於節的上方剪定同莖粗細約 1：1 的距離。

7 修剪下來的頂芽可做為香草應用或扦插繁殖用的插穗。

8 整體修剪作業完成。

02 黃金葛

平時遇有枯黃老葉、枯乾莖葉或細長孱弱莖葉，皆須即時剪除

1 剪除徒長枝葉
2 剪除弱細密集生長的枝葉
3 短截修剪老化枝葉
4 剪除病蟲害枝葉
5 剪除枯黃枝葉

1 修剪作業前情況：蔓藤老化過長、葉黃而雜亂。

2 先摘除枯黃老葉。

3 遇有枯乾莖葉亦須剪除。

4 葉黃而老化的莖，可以從新芽萌生處的節上剪除。

5 在「修剪假想範圍線」上，將各枝的頂芽剪除。

6 生長較細長而孱弱的莖葉，須從盆緣的新葉節上剪除。

7 正常的健壯莖葉須自盆緣處尋找新葉的節留下後，並做剪除。

8 逐一順著盆緣將老的莖葉從新葉的節上剪除，僅留下長度適當的莖葉不剪。

9 整體「更新復壯」修剪作業完成。

03 蔓花生 葉黃而老化浮起的粗壯老莖可自地面的節上剪除

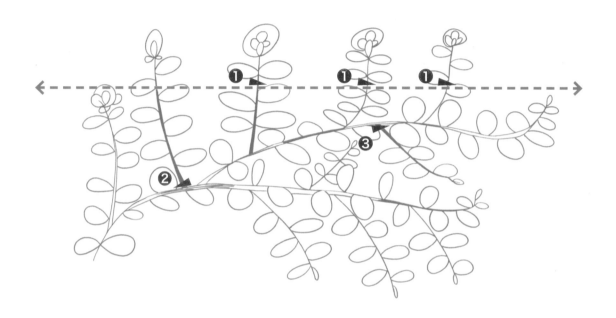

3 剪除枯黃的老枝

2 剪除過於密集生長的枝

1 開花後依修剪假想範圍線進行修剪

1 修剪作業前情況：蔓藤老化過於伸長、雜草與落葉掉落而雜亂。

2 撿拾清除掉落的落葉。

3 拔除其間的雜草。

4 可以修枝剪沿著邊緣修剪過於伸長的匍匐莖葉。

5 葉黃而老化浮起於地面上的粗壯老莖，可自節上剪除。

6 已斷折的老化莖葉也可自節上剪除。

7 生長較突出伸長的莖葉，可以自「假想修剪範圍線」上的設定高度剪除。

8 最後可以修枝剪將地被面上較突出的頂芽修剪平順。

9 整體修剪作業完成。

地被類

195

觀葉類──修剪要領

／**性狀分類**／觀葉類

／**定義**／
本類主要是以植株的莖葉部位提供觀賞利用目的為主，且大多屬於半日照或耐陰性的各類草本或木本植物。

／**修剪要領**／
1、葉緣葉尖枯乾時，可順著葉型修剪以維持美觀。
2、老葉枯黃變形破裂，可將葉部抽離剪摘去除。
3、老化木質化枝條，需進行返剪促使更新復壯。

植栽應用分類	具明顯主莖型

／**強剪適期判斷通則**／
1、花謝後可立即「弱剪」剪除開花枝。
2、「生長旺季」萌芽期間得「強剪」。

／**強剪適期之建議季節期間**／
春夏秋季間：清明至中秋期間

／**例舉常見植物**／
姑婆芋、佛手蓮、台灣八角金盤。竹蕉類、虎尾蘭類、五爪木、孔雀木、寬葉孔雀木。朱蕉類、香龍血樹類、龍血樹、番仔林投、百合竹類。白花天堂鳥、旅人蕉。鵝掌藤類、粉露草類、福祿桐類。馬拉巴栗、澳洲鴨腳木、江某。

植栽應用分類	非明顯主莖型

／強剪適期判斷通則／

1、花謝後可立即「弱剪」剪除開花枝。

2、「生長旺季」萌芽期間得「強剪」。

／強剪適期之建議季節期間／

春夏秋季間：清明至中秋期間

／例舉常見植物／

竹芋類、吊蘭類、彩葉芋類、合果芋類、藺草類、蓬萊蕉類、蔓綠絨類、粗肋草類、黛粉葉類、網紋草類、嫣紅蔓類、美鐵芋、花菖蒲、石菖蒲、燈心草、蘭嶼芋、香林投、蜘蛛抱蛋、班葉蜘蛛抱蛋、星點蜘蛛抱蛋、台灣蜘蛛抱蛋、薄葉蜘蛛抱蛋、大武蜘蛛抱蛋。白鶴芋、觀賞慈姑類、觀賞鳳梨類、五彩鳳梨、芸香、孔雀薑、澤瀉類、明日葉、椒草類、臺灣椒草、紅莖椒草。

／維護管理作業年曆／

植栽應用分類	1	2	3	4	5	6	7	8	9	10	11	12
具明顯莖幹型	□	□	□	□	□	■▲●	□	□	□	□	□	□
非明顯莖幹型												

1、表示當月需要作業的項目，□弱剪、■強剪、△支架檢查固定、▲基盤改善作業。

2、表示肥料●。

草本花卉類｜地被類｜**觀葉類**｜灌木類｜喬木類｜棕櫚類｜竹竹類｜蔓藤類｜其他類｜造型類

觀葉植物的葉形與葉色可以組合成為林下具有對比性的優美景觀。

01 竹芋類　平時可將枯乾老葉或不良葉片剪摘去除

1 剪除枯乾老葉

2 剪除黃化老葉

3 葉緣及葉尖破損或黃化部位可順葉形修剪

4 破損嚴重葉片可自葉鞘處剪除

5 過於密生旁蘗株可疏剪

1 修剪前，莖葉及乾枯莖葉堆積於盆面上。

2 先以手摘除乾枯莖葉。

3 再清除堆積於盆面上的乾枯莖葉。

4 用剪定鋏剪除老化的莖葉或破損的葉子。

5 整體的修剪完成。

02 白鶴芋　每年初夏可將去年開花後老株剪除，以促進今年開花順利

1 剪除枯黃老葉
2 剪除破損或黃化老葉
3 葉緣及葉尖破損或黃化部位可順葉形修剪
4 開花後枯槁花枝可自葉鞘剪除
5 新生旁蘗株可疏刪留存

1 修剪前有乾枯莖葉、破損葉及枯黃葉、老化莖葉、開花後枝。

2 以手摘除乾枯的莖葉。

3 用剪定鋏自葉鞘基部剪除破損的及枯黃的葉片。

4 剪除老化的莖葉。

5 以 45 度角向上斜切 的方式進行剪葉。

6 修剪後，因盆栽介質乾燥鬆軟，可按壓緊實固定介質。

7 修剪後應適時給水，以利正常生長。

03 姑婆芋　平時應留意將枯黃老葉摘剪去除

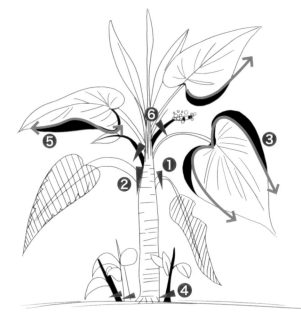

1 剪除枯乾老葉

2 自葉鞘部位剪除枯黃老葉

3 葉緣破損或黃化部位可順葉形修剪

4 遇有密生旁蘗芽需剪除

5 開花枝可自葉鞘剪除

6 結果枝應即時剪除

BEFORE

1 修剪前有不少花後枝、結果枝、受損老葉。

2 以手抓捏去除枯乾葉鞘部。

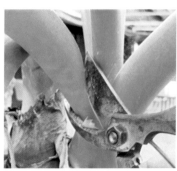

AFTER

3 葉鞘基部的乾枯葉鞘部剪除完成。

4 葉柄部位可以剪定鋏以45度角向上斜切修剪

5 摘花、摘果、摘葉完成。

04 鵝掌藤類 應使用銳利的刀具進行修剪以免傷口碎裂感染病蟲害

1 剪除枯乾老葉
2 剪除黃化老葉
3 葉緣及葉尖破損或黃化部位可順葉形修剪
4 破損嚴重葉片可自葉鞘處剪除
5 過於密生旁藥株可疏剪

草木花卉類 地被類

觀葉類

灌木類 喬木類 棕櫚類 竹竹類 蔓藤類 其他類 菊型類

1 修剪前的植株過高，植株老化、枝葉長短不一。

2 在「修剪假想範圍線」上，用剪定鋏在節粗枝可上以平口剪除。

3 以平行枝序方向剪除分枝。

4 再以平行枝序方向，在節間短截分枝。

5 修剪完成。

05 朱蕉　葉緣葉尖枯乾時可順著葉型修剪

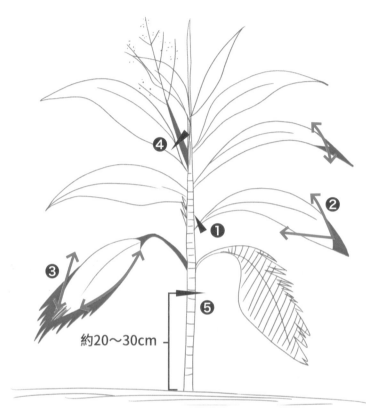

約20～30cm

1 剪剪除枯黃或破損嚴重之老葉

2 葉尖破損或黃化部位可順葉形修剪

3 葉緣破損或黃化部分可順葉形修剪美觀

4 遇有開花枝可剪除

5 老株要進行返剪更新復壯時，可自地面保留20～30㎝修剪

1 修剪前植栽較高，下方無葉、莖幹明顯重心偏高。

2 先修剪開花後的枝條。

3 葉面受損不良達 50% 以上的葉部，自葉鞘基部摘葉。

4 可用剪定鋏反向、自較密集之葉鞘部進行 45 度角向上斜切修剪。

5 發現葉尖部位乾枯不良時，先順著葉緣方向進行修葉。

6 再反向順著葉緣方向進行修葉。

7 修葉完成之全葉情況。

8 單株修葉完成情況。

9 整體修剪完成情況。

草本花卉類　地被類　**觀葉類**　灌木類　喬木類　棕櫚類　竹竹類　蔓藤類　其他類　造型類

205

06 白邊竹蕉　老葉枯黃變形破裂即可抽離剪摘

5 過於高大的枝可適度短截修剪

4 葉緣枯黃部位順葉形修剪

3 葉尖枯黃部位順葉形修剪

2 枯黃老葉摘剪去除

1 新生枝芽周邊如有過於彎曲、歪斜、細弱的全株可自地面剪除

1 修剪作業前發現：植栽分株過於密集、並有「返祖現象」萌生全綠色原種竹蕉。

2 先將新生及老化的全綠原種竹蕉枝葉芽，進行剪枝摘除。

3 地面有萌生全綠色原種的新芽，亦須摘除。

4 摘除原種枝葉改善「返祖現象」完成情況。

5 發現枝葉老化程度嚴重或葉尖部位乾枯不良時，可於地面剪除。

6 進行枝條中段剪枝時，應於節上進行平剪。

7 整體修剪完成情況。

草本花卉類 地被類 **觀葉類** 灌木類 喬木類 棕櫚類 竹竹類 蔓藤類 其他類 造型類

207

07 馬拉巴栗　遇到老化下垂的葉片即可摘除修剪

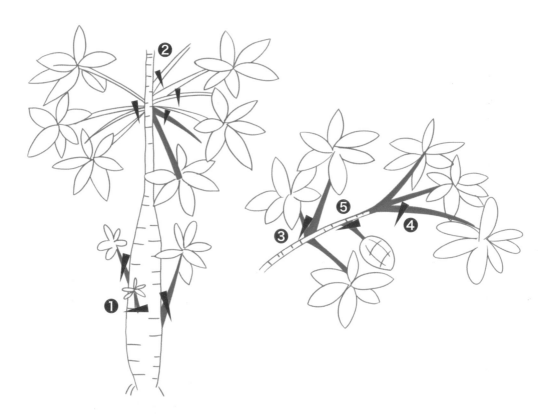

4 剪除枯黃老葉
3 腋生之枝葉可剪除
2 分生密集之陰生枝可剪除
1 分蘗枝即刻剪除

1 修剪前植株的枝葉雜亂。

2 自基部以 45 度斜角鋸除幹基部已長成的分蘗枝。

3 將不良分生的主枝,自脊線到領環的角度鋸除。

4 用剪定鋏剪除細小的分枝。

5 遇有平行枝欲鋸除平行下枝時,可將切枝鋸反向切鋸。

6 若有斷折枝條要保留時,用剪定鋏依其枝序方向剪除。

7 遇有枯乾枝及結果枝亦應貼切剪除。

8 枯乾枝及結果枝剪定完成。

9 修剪完成:枝葉層次分明、地面採光亦較充足。

08 白花天堂鳥　枯乾老葉及開花後的花莖應即時剪除

1 修剪作業前發現：枯黃葉、乾枯花莖及旁蘗株密生。

2 首先可將乾枯花莖以切枝鋸鋸除。。

3 再將枯黃葉片切鋸或修剪去除。

4 切鋸之下刀角度宜以 45 度角向上斜切。

5 旁蘗株密生情況可以圓鍬挖除後再回填栽培介質。

6 生長在外側的旁蘗株亦可以切枝鋸自地面切除。

7 整體修剪完成情況。

草本花卉類 地被類 **觀葉類** 灌木類 喬木類 棕櫚類 竹竹類 蔓藤類 其他類 造型類

灌木類修剪要領

/**性狀分類**/灌木類

/**定義**/

本類植物皆屬於木本植物，其植株高度主要為 2 公尺以下，且呈現多分枝而使主幹不明顯者。

/**修剪要領**/

1、應依每次平均萌芽長度進行弱剪。

2、遇有花後枝及徒長枝葉，應立即剪除。

3、修剪應依平行枝條葉柄的方向貼剪。

4、每二至三年應返剪一次更新復壯。

5、綠籬邊角宜修倒圓角增加日照量。

6、可設定修剪假想範圍線創意修剪。

植栽應用分類	常綠性

/**強剪適期判斷通則**/

「生長旺季」萌芽期間得「強剪」

/**強剪適期之建議季節期間**/

春夏秋季間：清明至中秋期間

/**例舉常見植物**/

雜交玫瑰（薔薇）類、月季花、石斑木、田代氏石斑木、恆春石斑木、革葉石斑木、短柱山茶、垢果山茶、南仁山枃木。

杜鵑花類、西施花、馬醉木、金露花、白花金露花、黃邊金露花、黃葉金露花、蕾絲金露花、錫蘭葉下珠、細葉雪茄花、六月雪、紅花六月雪。桂花、銀桂、丹桂、月桂、厚葉女貞、圓葉女貞、密葉女貞、金葉女貞、小實女貞、日本小葉女貞、銀姬小臘、茉莉花、毛茉莉、天星茉莉、青紫木、斑葉青紫木。月橘（七里香）、橘柑、樹蘭、含笑花、番茉莉、植梧、海桐、斑葉海桐。大王仙丹、中國仙丹、宮粉仙丹、矮仙丹、紫牡丹、野牡丹、蒂牡花、角莖牡丹、臺灣厚距花、臺灣野牡丹藤、黃蝦花、紅蝦花、珊瑚花。矮馬纓丹類、小葉馬纓丹、琉球莢蒾、藍雪花、金絲桃、桃金孃、水蓮木、卡利薩、美洲含羞草、紅花玉芙蓉。大花扶桑、大紅花、朱槿、南美朱槿、歐美合歡、雪白合歡、羽葉合歡、紅粉撲花、紅花羊蹄甲、金葉擬美花、紫葉擬美花、苦藍盤、夜合花、黃鐘花。金英樹、花蝴蝶、紅蝴蝶、黃蝴蝶、長穗木、高士佛澤蘭、蔓荊、夜來香木、米飯花、小葉黃褥花、內冬子、紫雲杜鵑。黃梔類、華八仙、狹瓣八仙、小金石榴、金石榴、杜虹花、瑪瑙珠、紅果金粟蘭、狗骨仔、硃砂根、春不老、斑葉春不老、苗栗紫金牛、屯鹿紫

金牛、華紫金牛、雨傘仔、玉山紫金牛、阿里山紫金牛、黑星紫金牛、小葉樹杞。迷迭香類、海衛矛類、碎米茶、胡椒木、小葉厚殼樹、芙蓉菊、楓港柿、密葉冬青、細葉冬青、凹葉冬青、金后冬青、鈕子樹、綠鈕樹。鐵莧類、變葉木類、光葉石楠、紅芽石楠、金門石楠、長紅木、大葉黃楊、小葉赤楠、十大功勞、阿里山十大功勞、狹瓣十大功勞、蚊母樹、象牙柿、大明橘、彩葉山漆莖、白雪木、枯里珍、咖哩樹、草海桐、美葉草海桐。

植栽應用分類	落葉性

／強剪適期判斷通則／
「休眠期間」即：落葉後至萌芽前 … 得「強剪」。

／強剪適期之建議季節期間／
冬季低溫期：春節前後至早春萌芽前

／例舉常見植物／
矮性紫薇、珍珠山馬茶、安石榴、白花石榴、金葉黃槐、金葉霓裳花、圓葉火棘、臺灣火刺木、台東石楠、貼梗海棠、醉嬌花、麻葉繡球、郁李、紅花繼木、燈稱花。山芙蓉、木槿、馬茶花、恆春山馬茶、蘭嶼山馬茶、紅蝴蝶、繡球花、立鶴花、假立鶴花。聖誕紅、非洲紅、小葉非洲紅、扁櫻桃。

／維護管理作業年曆／

植栽應用分類	1	2	3	4	5	6	7	8	9	10	11	12
常綠性	□	□	□	■▲●	□	□	□	□	□	□	□	□
落葉性	■▲●	□	□	□	□	□	□	□	□	□	□	□

1、表示當月需要作業的項目，□弱剪、■強剪、△支架檢查固定、▲基盤改善作業。
2、表示肥料●。

主要灌木修剪重點

1. 黃葉金露花、金露花、蕾絲金露花：本類植栽雖然在春至秋季週期性開花期長，但是如果以造型為目的進行修剪時，因為花芽生長後被不斷的剪除就無法順利開花，因此維護管理方式應配合其栽培目的而進行。

2. 細葉雪茄花：其開花週期長、生長強健、萌芽力強、極耐修剪造型。

3. 六月雪：這類植物的花芽在八月份時，會在今年生的枝梢末端開始形成，並在入秋前形成花蕾，一直在寒冬結束之後，遇到春季回溫時即可開始開花；因此必須避免在入秋後到翌年春季間進行強剪，而是要在開花期後的六、七月間方可進行強剪，如此可使開花較為良好，若季節不適而強剪將會影響生長勢、使其漸漸生長不良。

4. 杜鵑花類：因為杜鵑花的花均開在枝條末梢的頂芽，因此促使分枝茂密、萌生較多而整齊的頂芽，即可使其開花整齊；然而其花芽分化須時半年，因此僅能在每年春季開花期後之一個月內可以進行造型強弱剪，其它時間則須避免修剪，僅能針對徒長枝剪除即可，如此在翌年就能使杜鵑花開整齊而密集；此外，杜鵑花的淺生細根需要大量的氧氣，因此栽培土質必須能配合供水正常而排水良好的需求。

5. 桂花：造型方式可視同喬木般的以十二不良枝的判定後再進行細部的整修，其中應注意其摘心與摘芽的控制，藉以使植株朝向所計劃的生長方向與目標成長。

6. 月橘（七里香）、樹蘭、含笑花：瓣因萌芽力強極適合作為綠籬或花叢，但也因此需要注意將樹冠內部的不良枝進行剪除，以免影響通風及採光促使病蟲害的好發與滋生寄宿。

7. 黃梔類：這類植物包含重瓣黃梔、山黃梔、玉堂春、水梔子等開花芳香濃郁的灌木類植栽，由於其花芽分化時間經常在七月至九月期間進行，並且可達二次之多，因此必須注意在這段期間不要進行強剪，而是僅能在花開後將此花後枝進行弱剪即可，而且若能疏刪修剪一些伸展過度的長枝，也能使花開較為密集。

8. 茉莉花：每年應於春季萌生多芽期間，將其細小的分蘗枝及枯乾枝條進行剪除，並適當使枝條彼此之間的距離留有較寬間距，以免枝葉密集而競奪採光與通風，影響生長發育。

草本花卉類　地被類　觀葉類　**灌木類**　喬木類　棕櫚類　竹竹類　蔓藤類　其他類　造型類

灌木類植栽具有葉色與花色，最能配合地形面貌呈現地景的四季色彩。

01 杜鵑花類　每年僅能於開花後的一個月內進行強剪

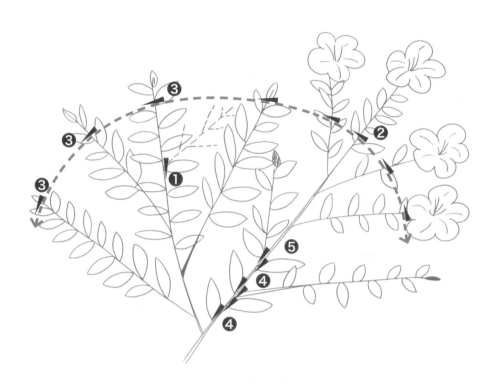

1 剪除枯枝

2 開花後一個月內將花枝剪除

3 依「修剪假想範圍線」於開花後一個月內修剪造型

4 剪除基部老葉

5 剪除內部「不良枝」

本案例運用 ~~補償修剪~~／~~修飾修剪~~／~~疏刪修剪~~／**短截修剪**／**生理修剪**／**造型修剪**／~~更新復壯修剪~~／~~結構性修剪~~

BEFORE

1 先設定為「修剪假想範圍線」。

2 可以全株中段萌芽較集中處作為「修剪假想範圍線」。

3 先以剪定鋏進行「修剪假想範圍線」的剪枝。

4 修剪後傷口應避免形成 Y 字型幹頭枝。

5 因此修剪位置最好選擇分枝處下方修剪。

6 遇有前人修剪不良的幹頭枝亦需貼剪去除為宜。

7 再進行「修剪假想範圍線」的摘心修剪。

8 修剪時盡量於節上平行葉序方向剪定。

AFTER

9 完成修剪作業情況。

草本花卉類　地被類　觀葉類

灌木類

喬木類　棕櫚類　竹竹類　蔓藤類　其他類　造型類

02 桂花 應常疏刪修剪保持樹冠內部採光與通風能促使開花不斷

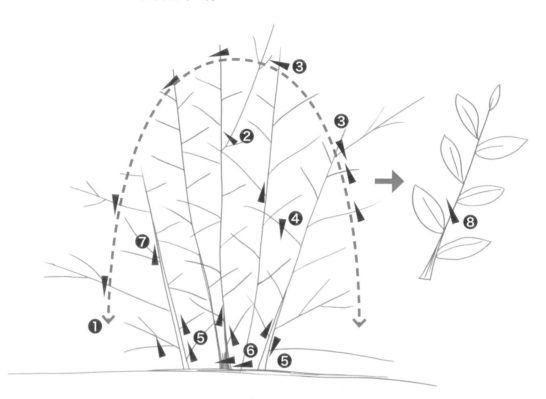

8 修剪之角度應平行葉序方向下刀修剪
7 內部的「不良枝」可剪除
6 徒長枝可自基部剪除
5 各分枝基部小枝可剪除
4 內部過長枝條可短截修剪
3 剪除過於擴張生長的枝
2 剪除徒長枝
1 全株依「修剪假想範圍線」進行修剪

本案例運用 補償修剪／**修飾修剪**／**疏刪修剪**／短截修剪／生理修剪／造型修剪／更新復壯修剪／結構性修剪

1 修剪作業前發現：生長茂密、蔓藤纏勒。

2 蔓藤纏勒莖幹部位者，可以剪定鋏將其剪除以利清除。

3 盡量貼剪叉生枝修剪完成情況。

4 末梢小枝修剪完成情況。

平行枝序方向

5 修剪的角度應盡量於節上平行葉序方向剪定。

6 進行末梢之摘芽修剪時亦應於節上平行葉序方向剪定。

7 末梢的摘芽修剪完成情況。

8 逐一進行「十二不良枝」判定修剪完成。

9 三週後即可發現全株呈現茂盛而優美的姿態。

03 月橘　應留意保持樹冠內部的採光與通風才能減少病蟲害的發生

5 腋芽可於新生時剪摘去除

4 遇有幹頭枝應自脊線到領環剪除

3 進行「整枝」時應平行枝序方向剪鋸

2 修剪下垂枝

1 外部依「修剪假想範圍線」修剪：摘心、摘芽

本案例
運用　補償修剪／**修飾修剪**／**疏刪修剪**／短截修剪／生理修剪／造型修剪／更新復壯修剪／結構性修剪

1 修剪前發現：其枝葉繁雜、分枝密集。

2 依循「十二不良枝」判定原則可先進行分蘗枝的修剪。

3 以剪定鋏進行陰生枝的修剪。

4 遇有較粗的枝條可以切枝鋸（自脊線到領環為角度）進行切除。

5 叉生幹頭枝亦須切除。

6 幹頭末端宜以切枝鋸採取45 度斜切方式，盡量避免為水平傷口狀。

7 可以手指抓捻枝條長度的1/3~1/2 基部老葉方式進行「摘葉」。

8 遇有已遭腐朽菌侵害之枝條應自脊線到領環切除。

9 三週後即可發現全株枝葉分佈更為自然且較為茂盛。

草本花卉類　地被類　觀葉類　**灌木類**　喬木類　棕櫚類　竹竹類　蔓藤類　其他類　造型類

04 大王仙丹 開花後的枝條應即時剪除才能促使後續開花不斷

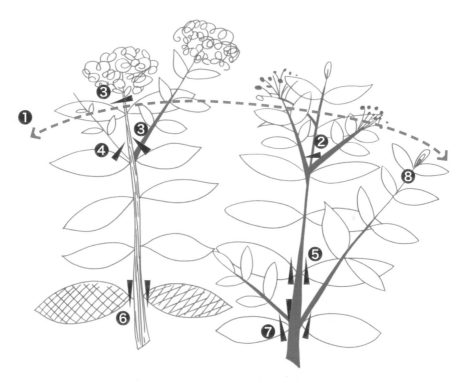

1 設定「修剪假想範圍線」修剪
2 未開花之中央頂芽可摘心
3 開花後之花枝可剪除
4 頂端側生枝芽可剪除
5 基部老葉可剪除以維持內部通風及採光
6 基部枯黃老葉可剪除
7 內部密生小枝可剪除
8 未達「假想線」之頂芽可留存

本案例
運用 補償修剪／修飾修剪／疏刪修剪／**短截修剪 生理修剪 造型修剪**／更新復壯修剪／結構性修剪

1 修剪作業前發現：已開花的花後枝及頂稍新芽已萌發、樹冠內亦有枯枝及藤蔓。

2 設定「修剪假想範圍線」，先將頂稍開花後枝條自花序下方的節上剪定成平口。

3 糾纏於樹冠間的藤蔓一一清除。

4 頂稍已萌發新芽的部位，同花後枝一樣的自下方的節上剪定成平口。

5 於「修剪假想範圍線」以內的各枝條頂稍，可以剪定鋏進行摘心。

6 摘心亦可以用手捏緊轉動方式進行。

7 接著將樹冠內的不良枝或枯乾枝一一剪除。

8 整體修剪作業完成情況：仍須維持略圓球形造型為佳。

草本花卉類　地被類　觀果類　**灌木類**　喬木類　棕櫚類　竹竹類　蔓藤類　其他類　造型類

05 矮馬纓丹類（叢植）
枝條老化呈現木質化時，需進行返剪更新復壯

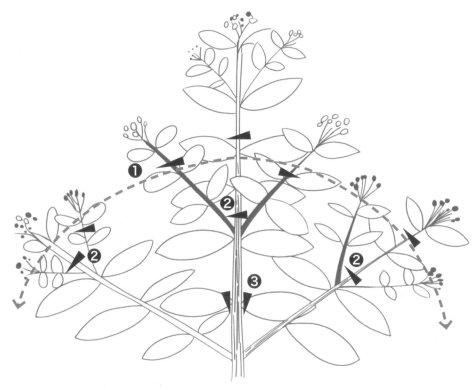

1 各枝葉基部老葉或小枝可剪除

2 開花後枝可自下方節上以平口修剪

3 開花末期可依「修剪假想範圍線」修剪

本案例運用 補償修剪／修飾修剪／疏刪修剪／**短截修剪**／生理修剪／**造型修剪**／更新復壯修剪／結構性修剪

1 修剪作業前現況：樹冠擴張變形。

2 弱剪採取「每次平均萌芽長度」判定「修剪假想範圍線」後進行邊緣修剪。

3 以修枝剪「正握」依著「修剪假想範圍線」進行修剪。

4 邊緣倒圓角部位可以修枝剪「反握」進行修剪。

5 接著以剪定鋏進行枝條裸露部位「巡剪」，對生枝序者須於節上剪成平口。

6 若遇有「一節多分枝」之裸枝情況時應於分枝下方的節上修剪。

7 儘量不要使末梢成「裸枝」狀。

8 整體修剪作業完成情況。

9 三週後其萌芽完整且又繼續開花情況。

草本花卉類　地被類　觀葉類　**灌木類**　喬木類　棕櫚類　竹類　蔓藤類　其他類　造型類

06 金英樹

若能將開花後的枝條剪除，就能促使後續開花不斷

1 先依「修剪假想範圍線」修剪外部輪廓

2 遇有「開花後枝」可於下方分枝處平行枝序方向修剪

3 樹冠內部依「十二不良枝」判定修剪

4 剪除下垂枝

本案例運用　補償修剪／修飾修剪／疏刪修剪／**短截修剪**／**生理修剪**／造型修剪／更新復壯修剪／結構性修剪

1 修剪作業前現況。

2 弱剪於全株中段萌芽較集中處作為「修剪假想範圍線」逐一進行修剪。

3 由左側順勢向右側進行修剪，目前左側修剪作業完成。

4 再將右側修剪後之整體修剪作業完成情況。

5 一個月後其已萌發新的葉芽與花芽且生長茂盛。

07 大花扶桑

開花期後應即時修剪造型，才能確保後續開花

1 再以剪定鋏平行葉序方向於節上修剪

2 先以修枝剪依「修剪假想範圍線」修剪外部

草本花卉類　地被類　闊葉類

灌木類

喬木類　棕櫚類　竹竹類　蔓藤類　其他類　造型類

 本案例運用　~~補償修剪~~／~~修飾修剪~~／~~疏刪修剪~~／**短截修剪**／~~生理修剪~~／**造型修剪**／~~更新復壯修剪~~／~~結構性修剪~~

1 修剪作業前現況。

2 弱剪於全株中段萌芽較集中處作為「修剪假想範圍線」逐一進行修剪。

3 順勢而上將邊緣以「倒圓角」方式進行修剪。

4 整體修剪作業完成情況。

5 一個月後其萌芽完整而生長茂盛情況。

227

08 黃梔類　保持樹冠內部採光與通風，常追肥促使開花不斷

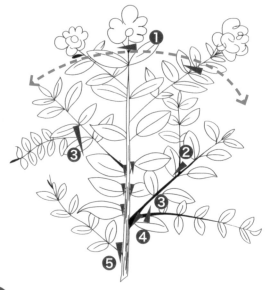

PS

修剪下刀方向應平行枝葉序方向。

1 開花後枝依「修剪假想範圍線」進行修剪

2 剪除徒長枝

3 剪除下垂枝

4 剪除基部或腋生老葉

5 內部近地表處所密生枝葉可剪除

本案例運用　補償修剪／修飾修剪／**疏刪修剪**／短截修剪／生理修剪／造型修剪／更新復壯修剪／結構性修剪

1 修剪作業前發現：過於擴張偏斜生長、與盆器比例大小失當。

2 以盆器高度約 1~1.5 倍以內作為「修剪假想範圍線」設定後即進行修剪。

3 進行短截修剪時亦應尋有節上已有萌芽處進行剪定為佳。

4 依序逐一將各枝條修剪作業完成情況。

09 迷迭香類

多多摘除末梢葉芽利用，也能保持植株生長健壯

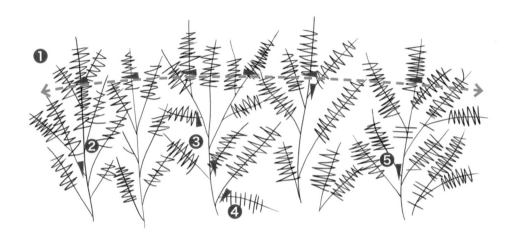

1 再以剪定鋏平行葉序方向於節上修剪

2 先以修枝剪依「修剪假想範圍線」修剪外部

右側欄：草本花卉類 地被類 觀葉類 **灌木類** 喬木類 棕櫚類 竹竹類 蔓藤類 其他類 造型類

本案例運用 補償修剪／修飾修剪／疏刪修剪／**短截修剪**／生理修剪／**造型修剪**／更新復壯修剪／結構性修剪

1 修剪作業前現況顯見：若干生長較為長的枝芽。

2 以手抓住葉梢另一手持剪定鋏方式進行修剪以使枝葉不掉落。

3 依「修剪假想範圍線」進行修剪完成後，其剪下的枝葉可供利用。

4 約一個月後新芽萌發長成，整體依然顯現茂盛情況。

10 鐵莧類　應將基部老葉摘除以保持樹冠內部的採光與通風

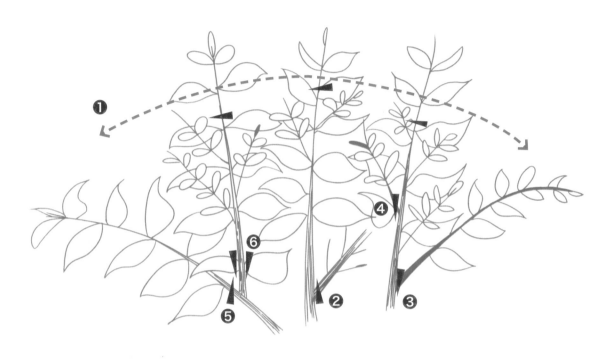

6 摘剪基部老葉
5 剪除過於擴張生長的側枝
4 修剪密生的忌生枝
3 剪除徒長枝
2 剪除枯乾枝
1 依「修剪假想範圍線」做外部輪廓修剪

1 修剪作業前現況。

2 因植栽數量不多且枝葉較大故可用剪定鋏修剪以確保品質完美後進行邊緣修剪。

3 弱剪自「修剪假想範圍線」逐一進行剪定。

4 若須由枝上剪定時，切勿在任意位置下刀。

5 可於新芽的節上剪成平口。

6 若見有新芽旁邊分生有老枝或裸枝時。

7 可將老枝剪除而僅留新芽。

8 逐一修剪後之整體作業完成情況。

9 約三週後之新芽萌發長成，整體顯現更加茂盛情況。

草本花卉類 地被類 觀葉類

灌木類

喬木類 棕櫚類 竹竹類 藤蔓類 且他類 造型類

231

11 雜交玫瑰或薔薇類

善用「留三節剪定法」可以促使全年開花不斷

花謝的枝目分枝處基部留存三節剪除
花謝後留三節剪定下刀修剪應平行葉序方向修剪
開花枝皆以「留三節」剪定
陰生枝枝葉可剪除
徒長枝應剪除
1 2 3 4 5

抽價修剪／修飾修剪／疏刪修剪／短截修剪／**生理修剪**／造型修剪／更新復壯修剪／結構性修剪

1 修剪作業前發現：花已開過、亦有徒長枝。

2 先順著徒長枝之下方基部的分生處往上算起，於第三節處進行剪定。

3 開花枝留三節剪定完成情況。

4 遇有枯乾枝亦須進行剪定。

5 末梢裸枝部位亦須短截修剪到各節上成平口。

6 若遇有中段分枝之裸枝情況時則應平行枝葉序方向進行剪定。

7 中段分枝裸枝剪定作業完成情況。

AFTER

8 整體各枝條自基部算起「留三節」剪定作業完成情況。

一週後

9 約一個月後其「留三節」處所萌芽即為花芽之情況。

草本花卉類 地被類 觀葉類 **灌木類** 喬木類 棕櫚類 竹竹類 蔓藤類 其他類 造型類

12 合歡類：歐美合歡、羽葉合歡、紅粉撲花

開花後的枝應即時剪除就能促進後續開花

1 開花部位花謝後，即刻剪除，可延長花期

2 枯萎的花朵可立即剪除

3 遇有結成莢果部位應立即剪除

羽葉合歡

粉紅合歡

歐美合歡

本案例運用　補償修剪／修飾修剪／疏刪修剪／**短截修剪／生理修剪**／造型修剪／更新復壯修剪／結構性修剪

1 修剪作業前發現：主要枝條過於伸長而擴張偏斜生長。

2 弱剪採取「每次平均萌芽長度」判定「修剪假想範圍線」後進行剪定。

3 主要分枝以「修剪假想範圍線」進行剪定完成。

4 末稍小枝有花芽者，應予以保留。

5 末梢須短截修剪時，亦須於節上採平行枝葉序方向進行剪定。

6 整體修剪作業完成情況。

7 約十天後花朵盛開情況。

8 三週後其花朵凋謝後又再度萌芽之情況。

草本花卉類　地被類　觀葉類

灌木類

喬木類　棕櫚類　竹竹類　蔓藤類　其他類　造型類

13 聖誕紅（盆植） 開花後的枝應即時剪除，就能延長花期

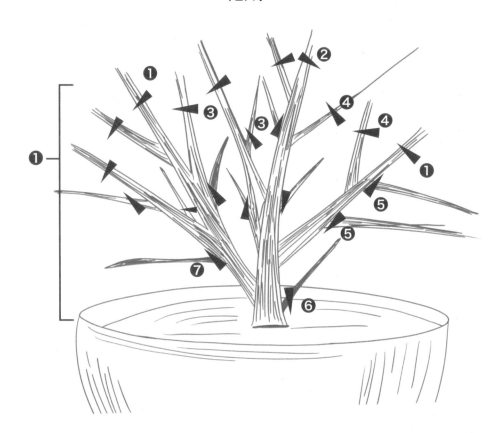

7 剪除陰生枝
6 分蘗枝應剪除
5 下垂枝，平行枝應剪除
4 徒長枝可短截修剪
3 內部依「十二不良枝」判定修剪
2 強剪切口處應於節上
1 待紅苞葉枯落時，即可自盆面約20㎝處強剪

本案例運用　補償修剪／修飾修剪／疏刪修剪／短截修剪／生理修剪／造型修剪／更新復壯修剪／**結構性修剪**

草本花卉類｜地被類｜觀葉類｜**灌木類**｜喬木類｜棕櫚類｜竹竹類｜蔓藤類｜其他類｜造型類

1 修剪前苞葉已掉落殆盡、分枝細小且過於密集生長。

2 先將盆面的枯葉，以手抓除清潔。

3 再將枯乾的枝葉，以剪定鋏剪除。

4 以盆口直徑設定為「修剪假想範圍線」後進行剪定。

5 剪定之角度須於節上採平行枝葉序方向進行剪定。

6 遇有新芽者，盡量保留而於其節上剪定。

7 各分枝之紅苞葉應於下方尋其節上剪定。

8 遇有分枝過密時亦須疏枝。

9 修剪完成應保有平均分佈的分枝架構。

14 矮性紫薇　花期後可進行花後枝剪除以避免結果消耗養分

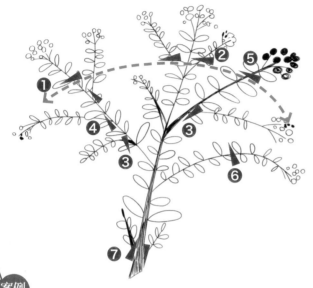

7 剪除分蘖枝

1 開花後枝可於「修剪假想範圍線」修剪

2 應於節上修剪

3 下垂枝待花後修剪

4 過於擴張生長的枝可剪除

5 結果枝應剪除

6 過於伸長的枝可於彎曲的「拋物線」

頂點處修剪短截

本案例運用　補償修剪／修飾修剪／疏刪修剪／**短截修剪　生理修剪**／造型修剪／更新復壯修剪／結構性修剪

1 修剪前發現：枝條過於伸長而擴張生長。

2 弱剪採取「每次平均萌芽長度」判定「修剪假想範圍線」後進行修剪。

3 以「修剪假想範圍線」進行高度控制的修剪完成情況。

4 再將樹冠寬度冠幅修剪作業完成之情況。

5 三週後其枝葉萌芽茂盛之情況。

15 山芙蓉 花謝後可進行花後枝及全株 12 不良枝判定修剪

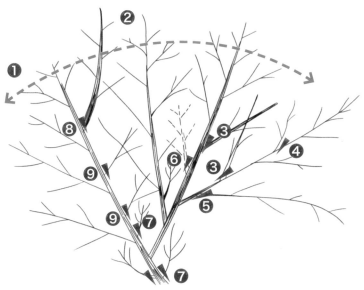

依「修剪假想範圍線」修剪
1 剪除下垂枝
2 過長的枝短截修剪
3 剪除交叉枝
4 應平行枝序方向下刀修剪
5 依「修剪假想範圍線」修剪

6 剪除枯乾枝
7 剪除徒長枝
8 修剪分蘗枝
9 剪除忌生枝

本案例運用　補償修剪／修飾修剪／**疏刪修剪**／短截修剪／生理修剪／造型修剪／更新復壯修剪／結構性修剪

1 修剪作業前現況發現：主枝之分生新芽過於密集且分枝倒伏生長。

2 先於主枝部位將分生較細小的新芽或新枝逐一剪除。

3 分枝倒伏生長者以切枝鋸進行鋸除。

4 切鋸時應自脊線到領環的角度進行貼切。

5 整體整枝修剪作業完成情況：目前適逢花季故應保有頂芽。

草本花卉類　地被類　觀葉類

灌木類

高木類　棕櫚類　竹竹類　蔓藤類　其他類　造型類

喬木類──修剪要領

/**性狀分類**/喬木類

/**定義**/
大喬木：具有明顯主幹之木本植物，且其生長高度通常可達 H ≒ 2m 以上者。
小喬木：不具有明顯主幹之木本植物，且其生長高度通常可達 H ≒ 2m 以上者。

/**修剪要領**/
1、應避免強剪損傷結構枝，先進行「12 不良枝判定」修剪。
2、再施行「疏刪 W 判定」修剪。
3、後施行「短截 V 判定」修剪。
4、依據枝條粗細善用「粗枝三刀法、小枝一刀法」修剪平順。
5、修剪下刀角度須「自脊線到領環外移（避開領還組織）下刀貼切。
6、開張主幹分生枝序的樹種修剪三要： 幹要正、枝要順、型要美。
7、直立主幹分生枝序的樹種修剪四要： 冠幅下長上短、間距下寬上窄、造枝下粗上細、展角下垂上仰。
8、修剪後的大型傷口得塗佈傷口保護藥劑。

植栽應用分類	溫帶常綠針葉

/**強剪適期判斷通則**/
「休眠期間」即：樹脂緩慢或停止流動後至萌芽前…得「強剪」

/**強剪適期之建議季節期間**/
冬季低溫期：春節前後至早春萌芽前

/**例舉常見植物**/
黑松。台灣五葉松、台灣二葉松、琉球松、濕地松、馬尾松、華山松、＊錦松。龍柏、中國香柏、中國檀香柏、側柏、台灣肖楠、台灣扁柏、紅檜。＊黃金側柏＊香冠柏、＊偃柏、＊真柏、＊鐵柏、＊銀柏、＊花柏、羅漢松、小葉羅漢松、圓葉羅漢松。台灣油杉、台灣杉、柳杉、巒大杉、福州杉、紅豆杉、雪松、＊杜松。

（註：本項＊種類為小喬木或灌木類）

植栽應用分類　　　亞熱帶熱帶常綠針葉

／強剪適期判斷通則／
「生長旺季」萌芽期間得「強剪」

／強剪適期之建議季節期間／
春節後回溫期：春節至清明前期間

／例舉常見植物／
竹柏、貝殼杉、百日青、桃實百日青、貝殼杉、蘭嶼羅漢松、小葉南洋杉、肯氏南洋杉。

植栽應用分類　　　溫帶亞熱帶落葉針葉

／強剪適期判斷通則／
「休眠期間」即：落葉後至萌芽前…得「強剪」

／強剪適期之建議季節期間／
冬季低溫期：春節前後至早春萌芽前

／例舉常見植物／
落羽松、墨西哥落羽松、水杉、池杉。

植栽應用分類　　　溫帶亞熱帶常綠闊葉

／強剪適期判斷通則／
1、「生長旺季」萌芽期間內得「強剪」
2、須注意植栽的「生長旺季」萌芽表現將依溫度回升而異

／強剪適期之建議季節期間／
春節後回溫期：春節至清明後期間

／例舉常見植物／
樟樹、牛樟、大葉楠、香楠、豬腳楠、小葉樟、倒卵葉楠、賽赤楠。茄苳、墨點櫻桃、刺葉桂櫻、楊梅、杜英、薯豆、枇杷、台灣枇杷。土肉桂、山肉桂、厚殼桂、青剛櫟、捲斗櫟、油葉石櫟、臺灣楊桐、森氏紅淡比、鐵冬青、雲葉、珊瑚樹、樹杞、春不老。白玉蘭、黃玉蘭、洋玉蘭、烏心石、南洋含笑、瓊崖海棠、檸檬桉、澳洲茶樹、厚皮香、大頭茶、烏皮茶、木荷、山胡椒。水黃皮、光臘樹、台灣海桐、紅瓶刷子樹、蒲桃、楊桃、秀柱花、檉柳、華北檉柳、黃菫、槭葉翅子木。山茶花、茶梅、假枬木、凹葉枬木、濱枬木、軟毛柿、中國冬青、綠玉紅、圓葉冬青、神秘果。金桔類、金棗、豆柑、桶柑、海梨、柳丁、虎頭柑、檸檬、香水檸檬、文旦柚、西施柚、苦柚、白柚、葡萄柚、番石榴、紅芭樂、泰國番石榴、水晶番石榴、草莓番石榴、香番石榴。

植栽應用分類 ┃ **熱帶常綠闊葉**

/強剪適期判斷通則/

1、「生長旺季」萌芽期間內得「強剪」

2、須注意植栽的「生長旺季」萌芽表現將依溫度回升而異

/強剪適期之建議季節期間/

夏秋季間：端午至中秋期間

/例舉常見植物/

小葉榕、厚葉榕、正榕、黃金榕、垂榕、雀榕、大葉雀榕、島榕、白肉榕、三角葉榕、鵝鑾鼻榕、提琴葉榕、稜果榕、糙葉榕、高山榕、班葉高山榕、豬母乳、猴面果、印度橡膠樹、巴西橡膠樹。麵包樹、波羅蜜、榴槤、棋盤腳樹、穗花棋盤腳、白水木、海芒果、台東漆、芒果類。蓮霧、錫蘭橄欖、象腳樹、蓮葉桐、石栗、第倫桃、臘腸樹、海茄苳、海葡萄。龍眼、荔枝、大葉桉、蒲桃、董寶蓮、白千層、紅千層、串錢柳、黃金串錢柳、紅瓶刷子樹、黃花夾竹桃、陰香、金新木薑子、紫黃刺杜密、土密樹、土沉香、台灣紅豆樹、潺槁樹、大葉樹蘭、大花赤楠。福木、書帶木、瓊崖海棠、大葉山欖、山欖、蘭嶼山欖、蘭嶼烏心石、蘭嶼肉豆蔻、蘭嶼柿、毛柿、蘭嶼肉桂、錫蘭肉桂、安南肉桂、金平氏冬青、馬拉巴栗、檸檬桉、藍桉、澳洲茶樹、耳頰相思樹、鐵色、交力坪鐵色、降真香、港口木荷、臺灣栲、木麻黃、千頭木麻黃、銀木麻黃、無葉檉柳。番石榴類、黃金果、黃皮果、大王果、酪梨、牛乳果、蛋黃果、人心果、臺灣假黃楊、白樹仔、釋迦、鳳梨釋迦、大目釋迦、大王釋迦、圓滑番荔枝、刺番荔枝、山刺番荔枝、牛心梨。西印度櫻桃、南美假櫻桃、嘉寶果、恆春山茶、武威山烏皮茶、咖啡樹、金雞納樹、黃心柿、灰莉。

植栽應用分類 ┃ **溫帶亞熱帶落葉闊葉**

/強剪適期判斷通則/

「休眠期間」即：落葉後至萌芽前…得「強剪」

/強剪適期之建議季節期間/

冬季低溫期：春節前後至早春萌芽前

/例舉常見植物/

桃類、李類、醉李、梅類、櫻類、梨類、豆梨、蘋果類、棗子、印度棗、富有柿、長次郎柿、四方柿、牛心柿、石柿、筆柿、垂枝柿、碧桃、台灣石楠、小葉石楠。青楓、三角楓、紅榨槭、樟葉槭、垂柳、楊柳、班日柳、龍爪柳、銀柳、水柳、光葉水柳。台灣欒樹、苦楝、紫薇、九芎、烏皮九芎、欅木、榔榆、黃連木、烏桕。無患子、野鴉椿、食茱萸、杜仲、山菜豆、香椿、紫梅、台灣梭欏樹。流蘇、龍爪槐、姬柿類、台灣桑、小葉桑、南美長桑、山芙蓉。楓香、楓楊、白楊、廣東油桐、梧桐、板栗、木蘭花、辛夷、山桐子、銀樺、美國鵝掌楸。

植栽應用分類　　　　　　　　　**熱帶落葉闊葉**

／強剪適期判斷通則／

1、「休眠期間」即：冬季低溫落葉後至萌芽前⋯得「強剪」

2、「休眠期間」即：夏季乾旱枯水期之落葉後至萌芽前⋯得「強剪」

3、「生長旺季」萌芽期間得「強剪」。

／強剪適期之建議季節期間／

幾乎全年皆宜：　1、冬至春季間：春節前後至清明節後
　　　　　　　　2、夏季高溫期：逢乾旱枯水期之落葉後至萌芽前
　　　　　　　　3、夏至秋季間：端午至中秋期間

／例舉常見植物／

阿勃勒、鳳凰木、藍花楹、大花紫薇、黃金風鈴木、黃花風鈴木、白花風鈴木、粉紅風鈴木、洋紅風鈴木、紅花風鈴木、黃槐、羊蹄甲、洋紫荊、艷紫荊、花旗木、南洋櫻、爪哇旃那、鐵刀木類、盾柱木類、台灣刺桐、黃脈刺桐、火炬刺桐、珊瑚刺桐、雞冠刺桐、膠蟲樹。大花緬梔、鈍頭緬梔、黃花緬梔、紅花緬梔、雜交緬梔、魚木、日日櫻、大葉日日櫻、菩提樹、印度紫檀、印度黃檀、麻楝、雨豆樹、金龜樹、墨水樹、臺灣梭羅樹、天料木、蘋婆、掌葉蘋婆、蘭嶼蘋婆、麻瘋樹、黃槿、無花果。黑板樹、漆樹、桃花心木、山菜豆、海南山菜豆。小葉欖仁、錦葉欖仁、欖仁、第倫桃、火焰木。木棉、吉貝木棉、美人樹、猢猻木、辣木。

喬木類植栽的綠蔭空間，可以滿足人們休憩育樂所需。

／維護管理作業年曆／

植栽應用分類	1	2	3	4	5	6	7	8	9	10	11	12
溫帶常綠針葉	□	□▲●	□	□	□△	□	□	□	□	□△	□	□
熱帶常綠針葉	□	□	亞熱帶 □▲●	□	□△	熱帶 □▲●	□	□	□	□△	□	□
溫帶亞熱帶落葉針葉	■▲●	□	□	□	□△	□	□	□	□	□△	□	□
溫帶亞熱帶常綠闊葉	□	□	■▲●	□	□△	□	□	□	□	□△	□	□
熱帶常綠闊葉	□	□	□	□	□△	■▲●	□	□	□	□△	□	□
溫帶亞熱帶落葉闊葉	□	■▲●	□	□	□△	□	□	□	□	□△	□	□
熱帶落葉闊葉	□	□	□	□	■△ ▲●	□	□	□	□	□△	□	□

1、表示當月需要作業的項目，□弱剪、■強剪、△支架檢查固定、▲基盤改善作業。
2、表示肥料●。

喬木類～溫帶常綠針葉

性狀分類	植栽應用分類	例舉常見植物
喬木類	溫帶常綠針葉	黑松。台灣五葉松、台灣二葉松、琉球松、濕地松、馬尾松、華山松、*錦松。龍柏、中國香柏、中國檀香柏、側柏、台灣肖楠、台灣扁柏、紅檜。*黃金側柏*香冠柏、*偃柏、*真柏、*鐵柏、*銀柏、*花柏、羅漢松、小葉羅漢松、圓葉羅漢松。台灣油杉、台灣杉、柳杉、巒大杉、福州杉、紅豆杉、雪松、*杜松。（註：本項*種類為小喬木或灌木類）

松柏類植栽需要每年定期的修剪維護，才能維持其健康與美觀。

草本花卉類　地被類　觀葉類　灌木類

喬木類

棕櫚類　竹竹類　蔓藤類　其他類　造型類

01 五葉松 春季疏枝疏芽、夏秋剪除徒長枝冬季摘除基部老葉

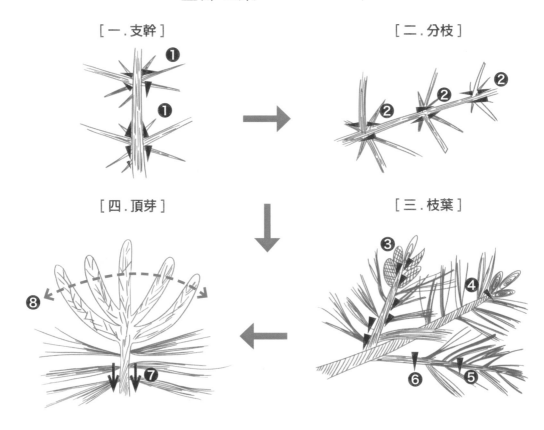

［一.支幹］　❶❶

［二.分枝］　❷❷❷

［四.頂芽］　❽❼

［三.枝葉］　❸❹❻❺

1 枝幹的各節分枝可留1～3分枝，其餘剪除

2 各分枝上的小枝可僅留1～2枝呈互生狀，其餘可剪除

3 若不想由此處分枝，可即時摘芽

4 可依芽的生長方向摘留新芽

5 短截修剪後，枝的末端仍應留有葉子

6 切勿由此處修剪而成「裸枝」，以免枝條乾枯

7 基部老葉可以手抓捻摘葉

8 可自設「修剪假想範圍線」，將嫩芽頂端抓握

葉簇齊頭修剪

本案例運用　補償修剪／修飾修剪／**疏刪修剪**／短截修剪／生理修剪／**造型修剪**／更新復壯修剪／結構性修剪

1 修剪作業前，先判斷設定各分枝層的修剪假想範圍線。

2 各分枝末梢若要剪短：末梢「心芽」要摘心。

3 決定適當的新芽長度，將葉簇抓起、剪成齊頭即可。

4 若希望老枝上萌芽長葉，須將老葉進行摘葉。

5 錯誤的剪枝留下過長裸枝。

6 正確的剪枝於節上留下長度等同枝的直徑粗細 1 比 1 為宜。

7 強剪時，若任意從中間剪掉枝條，將會枯凋至分生位置而形成枯乾枝。

8 周邊輪生之側芽或分枝須適當摘芽，或剪除至剩下較水平的左右各一枝即可。

9 修剪作業完成。

草本花卉類　地被類　觀葉類　灌木類　**喬木類**　棕櫚類　竹竹類　蔓藤類　其他類　造型類

02 黃金側柏 平時僅需將過分伸長的側芽，修剪摘芽即可

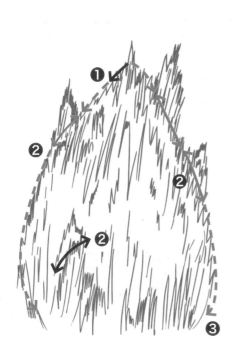

側枝芽 →

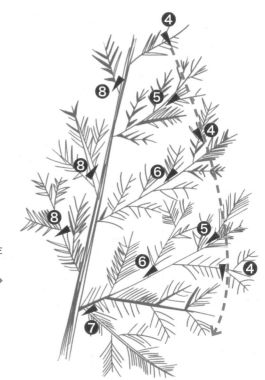

1 依「修剪假想範圍線」（即「短截修剪線」）
依序將外部輪廓修剪
2 外部輪廓修剪
3 凸出的分枝葉可貼剪去除
4 末梢摘芽或剪枝
5 平行枝序修剪
6 內部徒長枝剪除
7 下垂枝剪除
8 忌生枝剪除
末梢摘芽修剪細如右圖

本案例運用 補償修剪／修飾修剪／疏刪修剪／**短截修剪**／生理修剪／**造型修剪**／更新復壯修剪／結構性修剪

1 修剪作業前先計畫「修剪假想範圍線」。

2 樹冠內部常會有外觀看不到的枯葉。

3 以搖動抖落的方式將樹冠內部枯葉先行清除。

4 抖落清除枯葉完成情況。

5 依照計畫修剪的高度，逐一進行頂端修剪。

6 頂端高度控制的修剪完成情況。

7 進行樹冠寬度的控制，逐一修剪兩側邊。

8 整體修剪完成情況。

草本花卉類 地被類 觀葉類 灌木類 **喬木類** 棕櫚類 竹竹類 蔓藤類 其他類 造型類

03 竹柏　善用摘心、摘芽進行促成或抑制修剪的造型管理

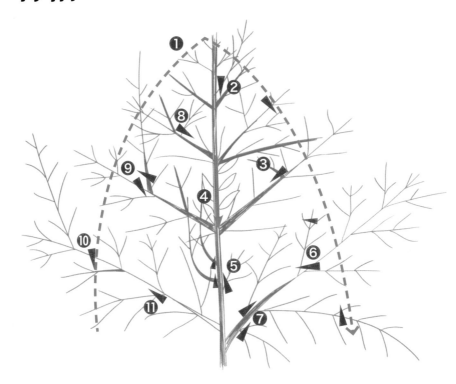

1 依「修剪假想範圍線」（即「短截修剪線」）修剪造型，頂稍則以保留不剪

2 修剪多發頂稍徒長枝

3 剪除忌生枝

4 修除宿存老葉

5 分蘗枝修除

6 依枝序平行方向修剪

7 下垂枝修除

8 剪除忌生枝

9 剪除徒長枝

10 剪除偏斜生長的枝條

11 有下垂枝方向的枝先行摘除

本案例運用　補償修剪／修飾修剪／**疏刪修剪／短截修剪**／生理修剪／**造型修剪**／更新復壯修剪／結構性修剪

BEFORE

1 修剪作業前須先設定「修剪假想範圍線」（即「短截修剪線」）。

2 剪除超過「修剪假想範圍線」以外的枝葉部分。

3 修剪時，應以平行葉序方向於節上剪除。

4 於枝上剪除時，須選在宿存葉子的節上剪除。

5 剪除的位置若於節與節間，須退往分枝處的上方剪除。

6 若要剪除較粗大的枝條部位，同樣須於分枝上剪除。

7 「修剪假想範圍線」上的枝葉若長短適當、無須剪枝者，得摘心抑制其萌芽。

8 由下而上逐一檢視各枝葉末梢，直到頂梢時，必須於節上剪除。

9 頂梢進行修剪，抑制頂端優勢的完成情況。

草木花卉類　地被類　觀葉類　灌木類　**喬木類**　棕櫚類　竹竹類　蔓藤類　其他類　造型類

10 自然錐形輪廓造型修剪的
階段完成情況。

11 再將全株下方枝葉較密集
生長部分進行疏刪修剪。

12 必須剪除主幹上的細小分
蘗枝。

13 由下往上、逐一檢視修剪
至此多枝叢生狀的位置。

14 讓每節上的分枝皆成為橫
向分生狀態，勿使其成為
向上分生狀態。

15 逐一由下而上檢視各分枝
的疏密度，進行疏刪修剪。

16 使各分生小枝的間距都能
平均分佈，並且盡量呈現
水平。

17 最後將主幹上的宿存老葉
進行摘葉清除。

18 具有錐形輪廓、全株枝葉
疏密度一致，中央較缺陷
部分須待其成長。

04 中國香柏

平時應將過分伸長的側芽剪除以維持整體圓錐造型

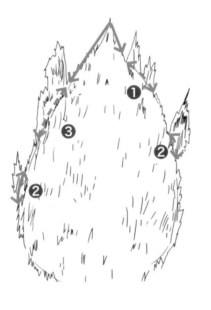

1 強剪時應於冬季休眠期進行

2 修剪後勿呈「裸枝狀」應於枝條末端留下葉子

3 依「修剪假想範圍線」進行造型修剪

草本花卉類 地被類 觀葉類 灌木類

喬木類

棕櫚類 竹竹類 蔓藤類 其他類 造型類

本案例運用 補償修剪／修飾修剪／疏刪修剪／**短截修剪**／生理修剪／造型修剪／更新復壯修剪／結構性修剪

1 修剪作業前，先判斷設定「修剪假想範圍線」。

2 自頂端開始修剪。

3 側芽超過「修剪假想範圍線」時，亦須剪除側芽。

4 修剪作業完成（切忌：修剪後呈「裸枝」狀）。

04 台灣油杉　常疏枝疏芽以保持樹冠的內部採光與通風

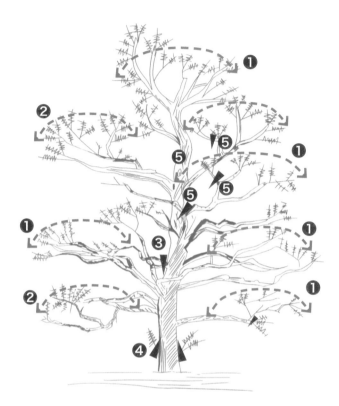

1 依各分枝層設定「修剪假想範圍線」（即「短截修剪線」）並逐層修剪

2 修剪後勿使枝條呈「裸枝」

3 剪除逆行枝

4 剪除分蘗枝

5 各分枝層內部依「不良枝」判定修剪

本案例
運用 補償修剪／修飾修剪／**疏刪修剪 短截修剪**／生理修剪／**造型修剪**／更新復壯修剪／結構性修剪

1 修剪作業前的植栽現況。

2 由下而上，剪除各分層末梢枝葉間的不良枝葉。

3 枝條側生的小枝、枝葉亦須剪除讓間距採光和通風良好。

4 剪除陰生枝。

5 過於伸長的枝葉，可於末端葉間剪除。

6 過短的枝葉須自基部貼剪去除。

7 剪定時須以平行葉序方向進行剪除，切忌修剪後需呈現「裸枝」無葉的情況。

8 各分層枝條整體修剪完成的情況。

9 油杉屬於輪生枝序，修剪時可間隔疏剪較小或不良枝。

草本花卉類　地被類　灌藤類　灌木類　**喬木類**　棕櫚類　竹竹類　蔓藤類　其他類　造型類

255

10 頂端的枝葉一般會較密集、茂盛，需耐心進行疏刪修剪，並且可以高空作業車輔助作業。

11 頂端枝葉疏刪修剪後的完成情況。

12 把全株枝條、末梢枝葉的不良枝疏刪修剪完成之情況。

13 進行修剪時，應於「脊線到領環」的角度「外移約等同枝條粗細」位置下刀，待明年再進行「貼切」。

14 無論鋸除或剪除，要外移等同枝條粗細下刀，才不會使傷口凹陷而腐朽。

15 分枝過密的枝條可以疏枝。

16 粗壯的徒長枝亦須鋸除。

17 逆行枝會破壞枝序的和諧與美感，須加以鋸除。

18 修剪後的枝條與枝葉若保有適當間距、可以獲得較佳的通風與採光。

喬木類～溫帶亞熱帶落葉針葉

性狀分類	植栽應用分類	例舉常見植物
喬木類	亞熱帶熱帶常綠針葉	竹柏、貝殼杉、百日青、桃實百日青、貝殼杉、蘭嶼羅漢松、小葉南洋杉、肯氏南洋杉。

　　喬木類～溫帶亞熱帶落葉針葉植栽，在本類型中主要是杉科落葉性的植物；若是依據其植栽葉部生理構造上而言，這類杉科植物具有線形葉呈羽狀排列，其常於每年十一、十二月間的第一次寒流或冷鋒過境後就會開始使葉片漸漸變黃或橙紅，並逐漸進入到休眠期，最後在低溫不斷的作用之下，終致全株完全落葉，僅留下由樹幹及各分生枝條的枝部所構成的樹體輪廓，在冬季裡特別能呈現出顯眼的外型與樹姿風格。

　　落葉針葉植栽在進入到休眠期間完全落葉後到春季的萌芽前，這段期間其樹液逐漸會輸送與流動緩慢或暫停，因此此時最適合進行強剪與移植作業；而且這類落葉性的杉科針葉系植栽可以在休眠期間進行強剪，且只要所剪除的傷口不是太大又是老化的枝幹部位，就算是剪到只剩下沒葉子的裸枝、光禿禿的狀態，依然可以順利萌芽、正常生長。

　　但因為這類植栽其生長樹形多呈「直立主幹分生枝序」般，猶如聖誕樹般的錐形樹冠，因此僅需略為針對外觀輪廓較擴張生長的枝葉進行修剪即可，故無須進行大幅度的修剪。

　　造型修剪時也必須留意其「直立主幹分生枝序」樹種的修剪四要，亦即為：「分枝下寬上窄、造枝下粗上細、間距下長上短、展角下垂上仰」的修剪要領；所以若要維持自然的錐形時，就應注意頂芽的頂端優勢要避免被破壞，並且應栽培在全日照環境，以免使其側芽徒長或因落葉而使樹冠葉部稀疏而影響整體造型的美觀。

　　而前述的「分枝下寬上窄」是指：下層枝條的寬幅應比上層枝條的寬幅，要下層較寬而愈往上層就需愈窄；「間距下長上短」則是指由主幹上所分生的各枝條層級間距，應自幼苗培養時即使其間距能下面間距較長而愈往上端的間距就較短；「展角下垂上仰」則是愈下層的水平分枝角度較下垂而漸往上端的水平分枝角度則愈上仰；「造枝下粗上細」則是考量整株樹體的重心，因此應培養枝條粗細程度能使下層枝條較粗而漸往上層的枝條則愈細。

　　落葉針葉系植栽的修剪，在進行弱剪與強剪的方式也可以參照一般喬木類「十二不良枝」的判定方式修剪，尤其修剪下刀的「再貼切」位置應遵循：「自脊線到領環外移一公分下刀」；如果沒有這樣的貼切修剪，將會影響其傷口的癒合、枝幹部位的輸送與構造功能、妨害正常的後續生長。

01 落羽松　善用「分枝下寬上窄、造枝下粗上細、間距下長上短、展角下垂上仰」修剪

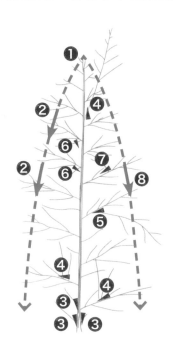

8 修剪過於凸出擴張的枝
7 忌生枝修除
6 陰生枝修除
5 下垂枝短截修剪
4 修除徒長枝
3 主幹上所分生小枝可剪除
2 超過「修剪假想範圍線」的部分可適度短截修剪
1 頂稍不可修剪

本案例運用 補償修剪／修飾修剪／**疏刪修剪**／**短截修剪**／生理修剪／**造型修剪**／更新復壯修剪／結構性修剪

1 修剪作業前須先設定「修剪假想範圍線」（即「短截修剪線」）予以「弱剪」。

2 伸縮指揮竿標示至右後方落羽松的錐形「修剪假想範圍線」修剪角度。

3 除了剪除超過「修剪假想範圍線」以外的枝葉，也要疏刪修剪主枝內部枝葉。

4 修除各主枝上的下垂枝。

5 向上生長的枝亦須剪除。

6 交叉枝亦需剪除其中一枝。

7 也剪除幹頭枝所分生多枝而叢生的枝。

8 主幹上分生小枝必須剪除。

9 依序剪除主幹所分生小枝。

10 修剪後僅留下較適當比例的主枝。

11 對於樹冠內部較密集的枝葉部分，可剪除主枝上靠近主幹的不良枝。

12 短而細小的幹頭枝可以剪除。

13 忌生枝亦須剪除。

14 修剪後的主枝呈現平展的分佈狀態。

15 由下而上，將主幹上各層主枝分生部位的不良枝剪除完成情況。

16 最後將頂梢分生成三主梢的較弱小頂稍剪除，僅留一枝較優勢而直立枝梢。

17 將超過「修剪假想範圍線」外的枝葉，以修枝剪或高枝剪進行修剪末梢。

18 弱剪修剪完成：具有同右後方落羽松一樣錐形輪廓的外觀。

喬木類～溫帶亞熱帶常綠闊葉

性狀 分類	植栽應用分 類	例舉常見植物
喬木類	溫帶亞熱帶 常綠闊葉	樟樹、牛樟、大葉楠、香楠、豬腳楠、小葉樟、倒卵葉楠、賽赤楠。茄苳、墨點櫻桃、刺葉桂櫻、楊梅、杜英、薯豆、枇杷、台灣枇杷。土肉桂、山肉桂、厚殼桂、青剛櫟、捲斗櫟、油葉石櫟、臺灣楊桐、森氏紅淡比、鐵冬青、雲葉、珊瑚樹、樹杞、春不老。白玉蘭、黃玉蘭、洋玉蘭、烏心石、南洋含笑、瓊崖海棠、檸檬桉、澳洲茶樹、厚皮香、大頭茶、烏皮茶、木荷、山胡椒。水黃皮、光臘樹、台灣海桐、紅瓶刷子樹、蒲桃、楊桃、秀柱花、櫸柳、華北櫸柳、黃堇、槭葉翅子木。山茶花、茶梅、假枔木、凹葉枔木、濱枔木、軟毛柿、中國冬青、綠玉紅、圓葉冬青、神秘果。金桔類、金棗、豆柑、桶柑、海梨、柳丁、虎頭柑、檸檬、香水檸檬、文旦柚、西施柚、苦柚、白柚、葡萄柚、番石榴、紅芭樂、泰國番石榴、水晶番石榴、草莓番石榴、香番石榴。

　　喬木類～溫帶亞熱帶常綠闊葉植栽，其性喜溫暖環境區域，因此在四季如春的台灣中北部地區，這類植栽的栽培應用極多、也構成主要的景觀面貌。

　　由於這類植栽主要的原生環境，均為溫帶及亞熱帶地區，因此在台灣的春節後氣溫開始回溫後一直至清明期間，此時在氣候、溫度及環境的作用下，均能使植栽有較適應生育適溫的生長旺季，並且會有不斷萌生新芽的外部特徵；所以這段時期就是進行強剪或移植作業適期。藉由植栽生長旺季時的生長勢強、萌芽旺盛，強剪或移植作業後均能迅速恢復生長勢與萌芽成長。

　　進行喬木類～溫帶亞熱帶常綠闊葉植栽的修剪作業，應首重注意以「12 不良枝判定」、「短截 V 判定」修剪，並留意應正確的「自脊線到領環外移下刀」的修剪技巧。

　　由於溫帶亞熱帶常綠闊葉植栽其生長期間需要較多的營養體（即指枝葉量），因此在平時不能修剪過於頻繁，並且在修剪作業後的傷口周邊，也會萌生較多的不定芽而形成分蘗枝或徒長枝，因此建議在每次修剪作業後，仍應再安排時間進行定期的加強巡剪。

　　此外，也應該適時針對樹體各部位新生的枝條，或樹冠內部較密集生長者應進行合理的「疏刪 W 判定修剪」，或有樹冠外幅較擴張生長或開張下垂者，則應進行合理的「短截 V 判定修剪」；如此才可以避免樹體與樹型的過分擴張生長而變形、或產生較多的徒長枝、或叢生小枝葉…等，進而因樹冠內部枝葉密集，影響採光與通風的不良，而容易滋生或寄宿病蟲害。

01 樟樹　春季宜用十二不良枝判定法，進行整枝修剪

1 徒長枝修除

2 （短）徒長枝短截修剪

3 忌生枝修剪

4 陰生枝修剪

5 叉生枝修剪

6 分蘗枝修除

7 幹頭枝修除

8 枯乾幹頭枝修除

9 枯幹枝修除

10 為避免下垂伸長可短截修剪

本案例運用　補償修剪／修飾修剪／**疏刪修剪　短截修剪**／生理修剪／造型修剪／更新復壯修剪／**結構性修剪**

1 修剪作業前發現：枝條下垂、分生擴張。

2 先將分枝之細小枝葉進行剪定。

3 拆除過久組立的支架。

4 若有枯乾幹頭枝，須平行自脊線枝序方向將其切除。

5 再將緊密生長的枝條剪除一側。

6 ——剪除基部小枝及老葉。

7 基部老葉亦可以手抓摘除。

8 持續檢視各枝條末端，若有密集簇生的末梢時，應於下方的節上剪除。

9 整體修剪作業完成情況。

草本花卉類　地被類　觀葉類　灌木類　**喬木類**　棕櫚類　竹竹類　蔓藤類　其他類　造型類

02 土肉桂（盆植） 應注重疏刪修剪以維持樹冠內部的採光與通風

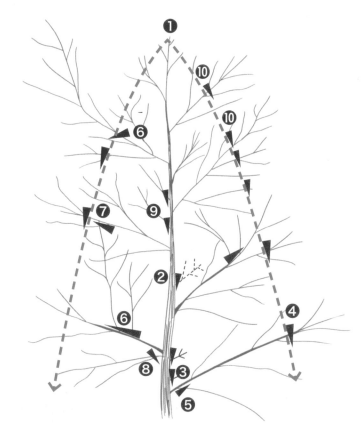

6 徒長枝剪除
5 下垂枝剪除
4 末梢短截剪除
3 分蘗枝修除
2 枯幹枝修除
1 頂稍不可修剪

10 以錐形「修剪假想範圍線」做為全株修剪標準
9 密集生長的枝可疏刪修剪
8 陰生枝剪除
7 平行枝剪除

本案例
運用 補償修剪／修飾修剪／**疏刪修剪**／**短截修剪**／生理修剪／造型修剪／更新復壯修剪／**結構性修剪**

1 修剪作業前發現：枝葉茂密、略為向兩側擴張生長。

2 將結構枝上的分蘖枝進行剪定。

3 剪除幹頭枝。

4 剪除忌生枝。

5 叉生枯乾枝，以切枝鋸修除。

6 剪除不良枝時應平行枝序方向，貼齊脊線到領環的角度做剪定。

7 剪除叉生枝。

8 整體修剪作業完成情況。

9 整修剪作業完成兩週後的情況。

草本花卉類　地被類　觀葉類　灌木類　**喬木類**　棕櫚類　竹竹類　蔓藤類　其他類　造型類

03 白玉蘭 摘除基部老葉即能促進開花

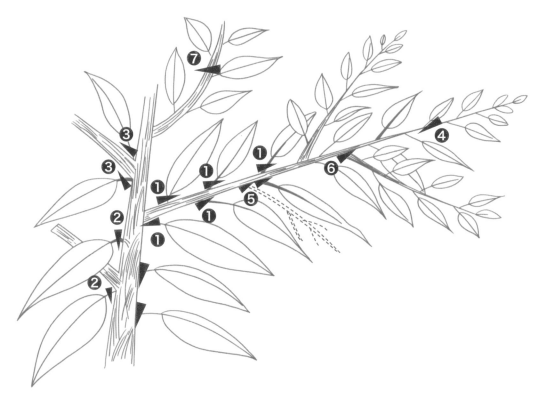

1 各分枝基部老葉可摘除 1／3～1／2

2 枝幹上的宿存老葉應摘除

3 陰生枝芽應摘除

4 枯幹枝修除

5 為避免末梢過份伸長，可短截修剪

6 下垂枝應修除或短截

7 徒長枝應短截

本案例運用　補償修剪／修飾修剪／**疏刪修剪**／短截修剪／**生理修剪**／造型修剪／更新復壯修剪／**結構性修剪**

1 修剪作業前發現：枝葉茂密、久久不開花。

2 首先剪除結構枝上好發的分蘗枝。

3 分蘗枝修剪完成。

4 可以手抓捻方式進行摘除基部老葉。

5 各枝條基部小枝及老葉須摘除約枝長的三分之一到二分之一。

6 基部小枝及老葉摘除完成後的情況。

7 整體修剪作業完成情況。

8 修剪作業完成三週後情況。

9 促使開花及新生花芽著生更多情況。

草本花卉類　地被類　�葉類　灌木類　**喬木類**　棕櫚類　竹竹類　蔓藤類　其他類　造型類

267

04 山茶花　秋冬之際應以手抓捻摘蕾：
每節僅留存一蕾（花苞）即可開花持久

1 除依「十二不良枝」判定修剪之外，各末

2 各枝上所生長之小芽，老葉應摘除

3 下垂枝修除

4 秋冬季間：每一節花芽須摘除僅留一花芽

5 冬春季間：每節葉芽須摘除僅留一葉芽

6 平時應將分支基部老葉摘剪去除

梢過長者應短截

本案例運用　補償修剪／**修飾修剪／疏刪修剪**／短截修剪／**生理修剪**／造型修剪／更新復壯修剪／結構性修剪

1 修剪作業前發現：枝葉茂密、密生小枝、並且已開花結束。

2 剪除幹上著生的分蘗枝。

3 剪枝切勿於枝條中段剪除，而應自脊線到領環貼切。

4 剪除主要枝條上所著生之短小陰生枝。

5 枝條分生過密集而使間距過短者，其右側陰生枝應先予以剪除。

6 接著再剪除左側陰生枝。

7 即可使枝條單獨形成一枝。

8 開花後的枝條，可自下方節上予以剪除。

9 花後枝剪除完成情況。

草本花卉類　地被類　觀葉類　灌木類　**喬木類**　棕櫚類　竹竹類　蔓藤類　其他類　造型類

10 剪除緊密生長的陰生枝。

11 陰生枝剪除完成之情況。

12 基部黃葉及老葉須剪除，可以用手抓捻方式來進行摘除。

13 各枝條末梢之葉芽，僅能留存一芽，其餘應以手摘芽去除。

14 摘芽完成之情況。

15 末梢修剪時盡量留存有芽，應於芽上順其芽生平行方向剪定。

16 末梢剪定完成之情況。

17 整體修剪完成之情況。

18 修剪作業完成二週後的情況。

05 金桔類 採果時勿將結果枝下方緊鄰的潛芽剪除即能四季開花結果

1 摘果時須於下一節上剪除，以免影響後續之開花

2 摘果時應小心於下一節上剪除才不會影響後續開花

3 末梢過長者應短截

4 分蘗枝剪除

5 下垂枝應剪除

6 徒長枝剪除

7 末梢過長者應短截

8 宿存基部老葉可摘除

草本花卉類　地被類　觀葉類　灌木類　喬木類　棕櫚類　竹類　藤蔓類　其他類　造型類

1 修剪作業前發現：正在開花結果、略呈偏左擴張生長。

2 逐一剪除結果枝上端未開花的枝葉。

3 逐一剪除結果枝下端未開花的小枝、老葉。

4 僅留存結果枝的剪定後之情況。

5 生長過於茂盛的未開花結果之枝條，可以剪除。

6 應自脊線到領環角度進行貼剪。

7 自脊線到領環角度修剪良好之情況。

8 分枝角度較狹小者，應剪除其中一枝，使其成為獨立的一枝。

9 枯黃枝葉皆應剪除。

10 已開花結果後的老枝，可於其下端找尋健壯分枝節上進行剪定。

11 平行枝及短小叉生枝亦可同時剪除。

12 逐一檢視不良枝，將其枝條生長空間留存的局部修剪完成情況。

13 須剪除各枝條節上的短小裸枝。

14 若有枝條過於伸長至樹冠外，應短截修剪去除末梢。

15 短截修剪完成情況。

16 整體修剪完成之情況。

17 修剪作業完成二週後情況。

18 枝條末梢可見黃熟果實更碩大、綠熟果實數量增多、並且開花不絕。

草本花卉類　地被類　觀葉類　灌木類　**喬木類**　棕櫚類　竹竹類　蔓藤類　其他類　造型類

06 水黃皮　應著重在分蘗枝及徒長枝的控制與適時剪除

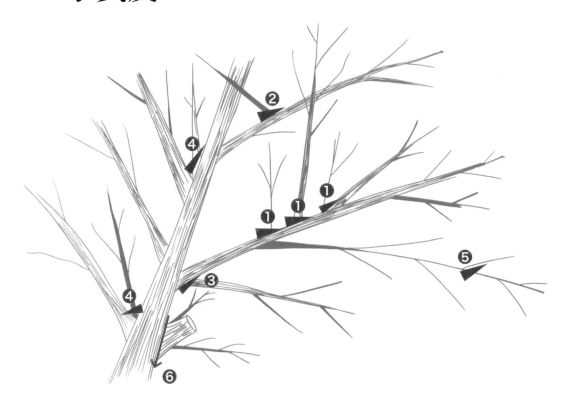

1 剪除長或短的徒長枝
2 分蘗枝修除
3 陰生枝修除
4 叉生枝修除
5 末梢過於伸長者應短截
6 幹頭枝修除

本案例運用 補償修剪／**修飾修剪／疏刪修剪**／短截修剪／生理修剪／造型修剪／更新復壯修剪／結構性修剪

1 修剪作業前發現：右上方枝葉生長較密集且略呈偏右歪斜生長。

2 可自地面將幹基部分蘗枝平切鋸除。

3 須剪除叉生枯乾枝。

4 須剪除忌生幹頭枝。

5 以電鏈鋸鋸除粗大的叉生枝自脊線到領環外移一公分處下刀。

6 鋸除病蟲害枝。

7 較粗大或過長過重的枝條應以三刀鋸除，本圖為第一刀「先內下」。

8 經由粗細三刀法修剪完成。

9 整體修剪完成之情況。

草本花卉類　地被類　褐草類　灌木類

喬木類

棕櫚類　竹竹類　蔓藤類　其他類　造型類

喬木類～熱帶常綠闊葉

性狀分類	植栽應用分類	例舉常見植物
喬木類	熱帶常綠闊葉	小葉榕、厚葉榕、正榕、黃金榕、垂榕、雀榕、大葉雀榕、島榕、白肉榕、三角葉榕、鵝鑾鼻榕、提琴葉榕、稜果榕、糙葉榕、高山榕、班葉高山榕、豬母乳、猴面果、印度橡膠樹、巴西橡膠樹。麵包樹、波羅蜜、榴槤、棋盤腳樹、穗花棋盤腳、白水木、海芒果、台東漆、芒果類。蓮霧、錫蘭橄欖、象腳樹、蓮葉桐、石栗、第倫桃、臘腸樹、海茄苳、海葡萄。龍眼、荔枝、大葉桉、蒲桃、董寶蓮、白千層、紅千層、串錢柳、黃金串錢柳、紅瓶刷子樹、黃花夾竹桃、陰香、金新木薑子、紫黃刺杜密、土密樹、土沉香、台灣紅豆樹、潺槁樹、大葉樹蘭、大花赤楠。福木、書帶木、瓊崖海棠、大葉山欖、山欖、蘭嶼山欖、蘭嶼烏心石、蘭嶼肉豆蔻、蘭嶼柿、毛柿、蘭嶼肉桂、錫蘭肉桂、安南肉桂、金平氏冬青、馬拉巴栗、檸檬桉、藍桉、澳洲茶樹、耳莢相思樹、鐵色、交力坪鐵色、降真香、港口木荷、臺灣栲、木麻黃、千頭木麻黃、銀木麻黃、無葉檉柳。番石榴類、黃金果、黃皮果、大王果、酪梨、牛乳果、蛋黃果、人心果、臺灣假黃楊、白樹仔、釋迦、鳳梨釋迦、大目釋迦、大王釋迦、圓滑番荔枝、刺番荔枝、山刺番荔枝、牛心梨。西印度櫻桃、南美假櫻桃、嘉寶果、恆春山茶、武威山烏皮茶、咖啡樹、金雞納樹、黃心柿、灰莉。

喬木類~熱帶常綠闊葉植栽，其性喜高溫環境、不適低溫環境區域，在四季如春的台灣地區，尤以中南部地區，這類植栽栽植極多、生性顯現強健而生長快速。

因此在台灣的夏季期間，亦即是：春秋季間的清明至中秋期間，最適合進行強剪與移植作業。

進行喬木類~熱帶常綠闊葉植栽的修剪作業，仍以「十二不良枝」的判定整修與「自脊線到領環」的正確位置修剪之技巧，尤其是粗枝三刀法的「先內下、後外上、再貼切」及小枝一刀法的直接修剪下刀的「再貼切」，其位置應正確的「自脊線到領環外移下刀」；才能促進傷口的癒合、也才不會妨害後續的正常生長。

由於熱帶常綠闊葉植栽的生性強健、生長速度極快，因此每次修剪作業後的傷口周邊，經常會萌生許多不定芽而形成分蘗枝，因此應於每次修剪作業後，建議定期於每個月加強分蘗枝及新生不定芽的巡剪。

修剪作業除了定期進行「12 不良枝判定修剪」之外，更應該適時針對樹體各部位新生的枝條，或樹冠內部較密集生長者應進行合理的「疏刪修剪」，或有樹冠外幅較擴張生長者則應進行合理的「短截修剪」；如此可以避免及防止樹體、樹型過分的擴張而變形、或樹冠因多生徒長枝、或叢生小枝葉…等以致樹冠內部枝葉密集，而影響採光與通風不良的情況，並容易滋生及寄宿病蟲害。

01 麵包樹

加強基部老葉摘除作業採光
與通風良好可促進開花

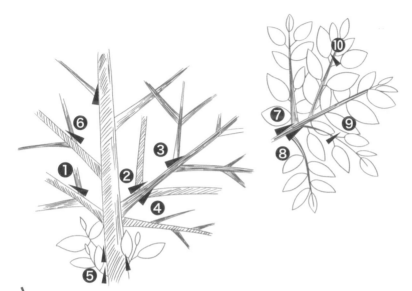

1 密集向上生長的枝可剪除

2 徒長枝剪除

3 過於密集的向上伸長的枝可剪除

4 平行枝剪除

5 分蘖枝修除

6 叉生枝剪除

7 下垂枝剪除

8 末梢徒長枝剪除

9 下垂延伸的枝末梢短截

10 過於伸長的末梢需短截

本案例運用　補償修剪／**修飾修剪　疏刪修剪**／短截修剪／生理修剪／造型修剪／更新復壯修剪／結構性修剪

草本花卉類｜地被類｜觀葉類｜灌木類
喬木類
棕櫚類｜竹竹類｜蔓藤類｜其他類｜造型類

BEFORE

1 修剪前發現：整體樹冠略呈偏左生長。

2 粗大分枝上所長出的小枝可一一鋸除。

3 下垂枝、平行枝、枯乾枝皆須鋸除。

4 對生所形成的兩兩交叉枝亦可鋸除其中一側進行疏枝。

AFTER

5 整體修剪完成呈現：較透空、採光良好的樹冠。

02 小葉榕 僅需留意：不要在冬季生長休眠期間進行修剪

1 2 3 4 5 6
依「十二不良枝」判定修剪
過於伸長延展的分枝末梢應短截修剪
過於伸長下垂的末梢短截
徒長枝剪除
下垂枝剪除
分蘗枝剪除

7 8 9 10
忌生枝剪除
逆行枝剪除
叉生枝剪除
遇有氣生根時，懸垂流離者：可剪
除；與支幹結合者，可不剪除。

本案例運用　補償修剪／修飾修剪／**疏刪修剪／短截修剪**／生理修剪／造型修剪／更新復壯修剪／結構性修剪

BEFORE

1 修剪前發現：有一主枝偏右生長造成樹冠偏斜生長。

2 粗大枝幹以三刀法修剪鋸除第一刀「先內下」、第二刀「後外下」圖為第一刀完成。

3 第三刀「再貼切」自脊線到領環外移一公分下刀。

4 粗枝三刀法修剪完成，對於傷口過大部位可塗佈傷口保護藥劑。

5 檢視各分枝上的不良枝並予以鋸除。

6 交叉枝及平行枝可以鋸除。

7 較細長的分蘗枝亦需鋸除。

8 整體修剪完成呈現：較端正的樹冠。

AFTER

9 修剪後經兩個月後，新生枝葉已無病害，因修剪提高樹冠採光通風而治癒病害。

草本花卉類　地被類　觀葉類　灌木類　**喬木類**　棕櫚類　竹竹類　蔓藤類　其他類　造型類

03 福木　修剪下刀應在對生葉的節上採取圓錐造型緊貼剪定成平口狀

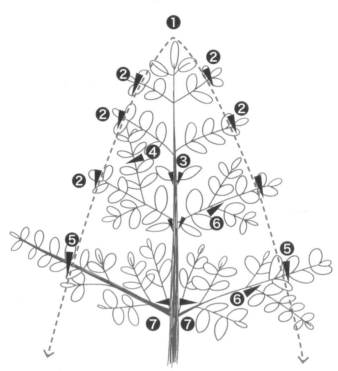

1 末梢超過「修剪假想範圍線」的部分，可短截摘芽
頂稍不可剪除

2 基部老葉及陰生枝葉應摘剪去除

3 徒長枝可短截或剪除

4 過於伸長的枝可於末梢短截

5 下垂枝剪除

6 腋生的叉生枝剪除

7

本案例運用　補償修剪／修飾修剪／**疏刪修剪**／**短截修剪**／生理修剪／**造型修剪**／更新復壯修剪／結構性修剪

1 修剪前發現：有雙主幹且自然錐形的造型已變樣。

2 先剪除主幹上的枯黃分枝。

3 主幹上分生過密的分蘗枝及徒長枝可先疏刪修剪。

4 疏刪修剪同等優勢枝條，僅留下一枝、另一枝則剪除。

5 須剪除變形彎曲的徒長枝。

6 在雙主幹間的分枝形成交叉枝情況時，須將其鋸除。

7 疏枝時可將對生枝疏刪修剪其中一枝後，即成互生枝狀。

8 雙主幹末梢過去切口所分生的枝條，疏刪修剪後僅留外側一枝。

9 主幹末端枯乾傷口可於其下方的枝條上鋸除。

草本花卉類　地被類　觀葉類　灌木類　**喬木類**　棕櫚類　竹竹類　蔓藤類　其他類　造型類

281

10 雙主幹末端修剪完成後的情況。

11 修剪枝葉末端，對生枝葉可剪成互生枝葉。

12 剪成互生枝葉後，其枝葉才不會互相干擾碰觸。

13 對於有受損的枝條，可於下方有長芽的節上或分枝處進行修剪。

14 進行枝葉摘心時，可以剪定鋏張開於枝葉上方。

15 套入向下壓到兩片葉的節上平剪。

16 再剪除成平口狀。

17 剪枝或摘心時，可將剪定鋏刀口伸入枝葉後向下輕壓到下一節枝葉後剪成平口。

18 整體修剪完成呈現：較端正的自然式錐形樹冠。

04 西印度櫻桃

每三至五年內須進行「返回修剪」
更新復壯樹勢將能增加結果質量

草木花卉類　地被類　觀葉類　灌木類　**喬木類**　棕櫚類　竹竹類　蔓藤類　其他類　造型類

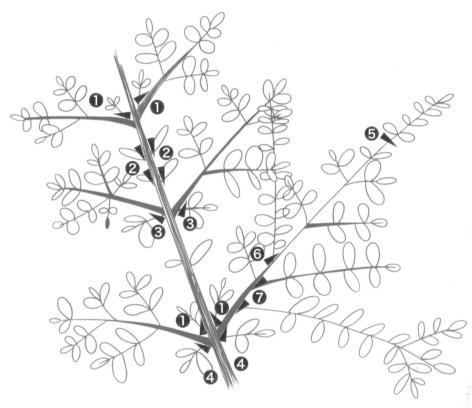

1 又生枝芽應剪除
2 基部老葉應摘除
3 各小枝的陰生枝應剪除
4 陰生新芽剪除
5 末梢過於伸長部分應短截修剪
6 徒長枝剪除
7 下垂枝剪除

1 修剪前發現：枝葉茂密、樹冠內枯枝繁多、擴張生長、樹冠沉重下垂。

2 ——鋸除地面所萌生的分蘗枝幹。

3 可以剪除各主幹上所形成的刺莖。

4 忌生枝須剪除。

5 主幹上的徒長枝亦須鋸除。

6 樹冠內部雜亂、繁多的枯乾不良枝，需——耐心剪除。

7 剪除平行逆行枝。

8 平行幹頭枝亦須剪除。

9 短小結果枝先剪除，等整體造型修剪後再保留供結果。

10 前次的枯乾短小結果枝必須剪除。

11 剪除枯乾幹頭枝。

12 剪除細小的平行枝。

13 平行幹頭枝亦須剪除。

14 叉生枯乾枝要剪除，以免病蟲害孳生。

15 整體樹冠內部修剪完成，惟各枝葉末梢略顯伸展生長而下垂。

16 將各末梢枝葉短截修剪於下方萌芽處或枝節上。

17 整體修剪完成情況。

18 一個月後開花較為繁多的現況。

草本花卉類｜地被類｜觀葉類｜灌木類｜**喬木類**｜棕櫚類｜竹竹類｜蔓藤類｜其他類｜造型類

285

05 龍眼　採果時勿將結果枝的下一個節剪除就能避免「隔年結果現象」

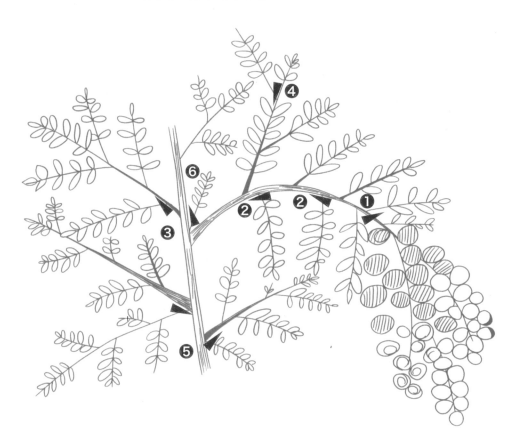

1 結果採收時應於下一節上剪除，以免造成隔年
2 結果不良情況
3 剪除下垂枝葉
4 忌生枝剪除
5 下垂枝剪除
6 陰生下垂枝應即早剪除
　 叉生枝剪除

本案例運用 補償修剪／修飾修剪／疏刪修剪／**短截修剪**／**生理修剪**／造型修剪／更新復壯修剪／結構性修剪

BEFORE

1 修剪前發現：雙主幹上方分枝茂密而沉重下垂，且略呈偏左生長。

2 鋸除風害斷折的叉生幹頭枝。

3 叉生徒長枝須鋸除。

4 忌生枝亦須鋸除。

5 各末端小枝上所側生的小枝葉，可自分枝處以平行枝序方向剪除。

6 小枝上的各枝葉間如長有老葉，應於各枝次之間將老葉摘除。

7 龍眼的產期調節之生理剪定，應於結果枝末梢僅留下一長一短的分生枝葉。

8 留下的一長一短分生枝葉，以手摘除各枝基部老葉。

AFTER

9 整體修剪完成情況。

草本花卉類　地被類　觀葉類　灌木類　**喬木類**　棕櫚類　竹竹類　蔓藤類　貝他類　造型類

06 番石榴類

善用「7-11. 剪定法」：弱枝留存 7~9 節、強枝留存 9~11 節，即能全年開花結果

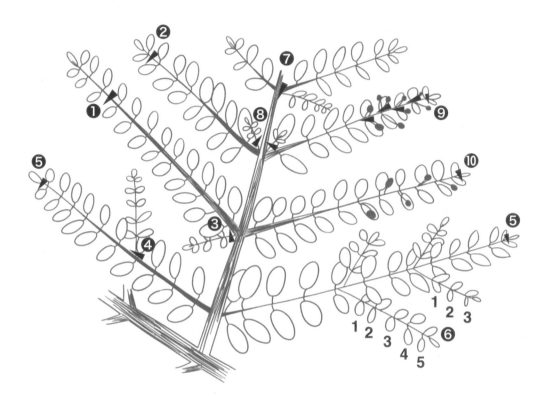

1 強枝短截留 9～11 節

2 弱枝留下 7～9 節

3 下垂枝剪除

4 徒長枝剪除

5 強枝不足 7 節之末梢僅需摘心即可

6 末梢未達 7 節者，保留不剪

7 陰生枝剪除

8 叉生枝芽剪除

9 結果枝的每節僅留一果

10 結果枝留 7～11 節，多餘末梢可摘心

BEFORE

1 修剪前發現：有粗大的分蘖枝、下垂枝、枯乾枝等。

2 主幹下方長有數枝的蘖枝。

3 須要一一鋸除主幹下方的分蘖枝。

4 下垂枝亦須鋸除。

5 鋸除嚴重的病蟲害枝。

6 枝條嚴重彎曲向右變形的情況，可自分枝處以平行枝序方向剪除。

7 調整彎曲枝條的剪定完成情況，形成較順伸展樣貌。

8 鋸除平行枝。

9 剪除支幹上分生細弱小枝。

草本花卉類 地被類 觀果類 灌木類 **喬木類** 棕櫚類 竹竹類 蔓藤類 其他類 造型類

289

10 若有枯乾的結果枝亦必須剪除。

13 須剪除枝條上過於細小的枯乾枝或下垂枝。

11 遇有較強較長「節數較多」的強枝,可留下 9 ～ 11 節的枝,其餘末梢可以剪除或摘心。

14 各分枝剪除不良枝完成的情況。

12 遇有較弱較短「節數較少」的弱枝,可留下 7 ～ 9 節的枝,其餘末梢可以剪除或摘心。

AFTER

15 整體「7-11 剪定」修剪完成,可促使早日開花與結果的產期調節功能。

喬木類～溫帶亞熱帶落葉闊葉

性狀分類	植栽應用分類	例舉常見植物
喬木類	溫帶亞熱帶落葉闊葉	桃類、李類、醉李、梅類、櫻類、梨類、豆梨、蘋果類、棗子、印度棗、富有柿、長次郎柿、四方柿、牛心柿、石柿、筆柿、垂枝柿、碧桃、台灣石楠、小葉石楠。青楓、三角楓、紅榨槭、樟葉槭、垂柳、楊柳、班日柳、龍爪柳、銀柳、水柳、光葉水柳。台灣欒樹、苦楝、紫薇、九芎、烏皮九芎、櫸木、榔榆、黃連木、烏　。無患子、野鴉椿、食茱萸、杜仲、山菜豆、香椿、紫梅、台灣梭欏樹。流蘇、龍爪槐、姬柿類、台灣桑、小葉桑、南美長桑、山芙蓉。楓香、楓楊、白楊、廣東油桐、梧桐、板栗、木蘭花、辛夷、山桐子、銀樺、美國鵝掌楸

喬木類～溫帶亞熱帶落葉闊葉植栽，多屬於木本植物、並具有明顯的主幹，且其生長高度常達 2 米以上者；因其性喜溫暖環境區域，所以在四季如春的台灣中北部地區或中高海拔山區，這類植栽栽培應用極多、是構成主要景觀面貌的植栽元素。

在每年約十、十一月間進入秋季後，其葉片會因在葉綠體內的葉綠素逐漸作用衰竭，而使葉部漸漸呈現既有的葉黃素或葉紅素，因此葉片會有漸漸變黃或轉變橙紅的現象，直到第一次寒流或冷鋒過境後就會產生離間激素刺激葉部脫離樹體而完全落葉，這時也就進入到植物的休眠期，此時樹體僅留下由樹幹及各分生枝條所構成的外部輪廓，以此使植物能渡過寒冬冰雪的侵襲，並且在冬季裡特別能呈現出顯眼的蕭瑟外型與樹體剪影風姿，更能傳達出四季的美感與人文的生活美學。

溫帶亞熱帶落葉闊葉植栽在進入到休眠期間完全落葉後到春季的萌芽前，這段期間其樹液逐漸會輸送或流動緩慢、甚至會暫停流動輸送，因此這時期最適合進行強剪或移植作業；而且這類落葉性植栽若在落葉後的休眠期間進行修剪，也能減少因修剪所產生的枝葉垃圾清運與處理量，亦能減輕作業成本負擔。

進行喬木類～溫帶亞熱帶落葉闊葉植栽的修剪作業，應當首重注意以「十二不良枝」的判定整修與「自脊線到領環」的正確位置修剪之技巧，尤其是粗枝三刀法的「先內下、後外上、再貼切」及小枝一刀法的直接修剪下刀的「再貼切」，其位置應遵循：「自脊線到領環外移一公分下刀」；如果沒有這樣的貼切修剪，將會影響其傷口的癒合、枝幹部位的輸送與構造功能、妨害正常的後續生長。

修剪作業除了定期進行「十二不良枝」的「強剪」或「弱剪」之外，每年冬季的落葉後到萌芽前的休眠期間，亦可以針對樹體各部位新生的枝條，觀察枝條各節上的葉芽或花芽，事先判斷其萌生方向，進行適當疏芽的「摘芽」或疏花的「摘蕾」作業。

01 桃 應注重摘心抑制枝條伸長，末梢短截僅留 50 〜 60 公分，並且摘除基部老葉即能促進開花結果

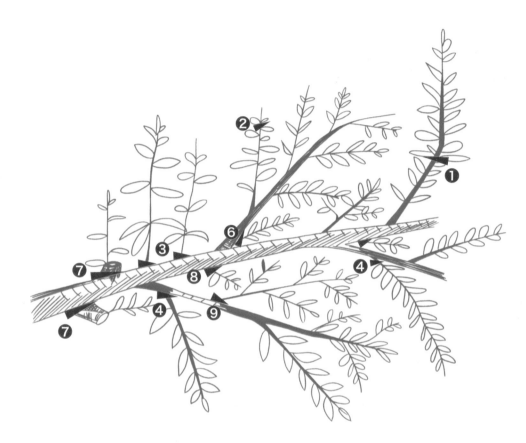

1 徒長枝部位應剪除
2 徒長枝末梢短截可避免繼續徒長
3 徒長枝剪除
4 下垂枝剪除
5 下垂枝末梢短截可避免其繼續下垂
6 叉生枝剪除
7 幹頭枝剪除
8 枝條新生小枝芽可剪除
9 平行枝剪除

本案例運用　補償修剪／**修飾修剪**／疏刪修剪／**短截修剪**／**生理修剪**／造型修剪／更新復壯修剪／結構性修剪

BEFORE

短截修剪線

1 修剪作業前發現：枝葉過於密集生長、整體樹型有開張生長情況。

2 剪除結構枝上較短的「徒長枝」。

3 結構枝上多生有「分蘗枝」亦須一一剪除。

4 結構枝上多有「枯乾枝」亦須剪除。

5 以切枝鋸將較粗大的「忌生枝」鋸除。

6 鋸除的角度可順由鄰近枝條枝序方向較為美觀。

7 粗大而成長多年的「徒長枝」亦可判定後將其鋸除。

8 分枝以上的各枝條可以依循「十二不良枝」判定原則加以修剪。

9 剪除枯乾幹頭枝。

草本花卉類　地被類　觀葉類　灌木類　**喬木類**　棕櫚類　竹竹類　蔓藤類　其他類　造型類

10 過長的枝條可予以節上位置施行短截修剪。

11 過長的粗大枝條施行短截修剪時，亦須以平行分枝角度方式鋸除。

12 平行枝須剪除。

13 於枝上萌生幼小的新芽亦須剪除或以手摘除。

14 樹冠上部的「徒長分蘗枝」亦須剪除。

15 結果枝的末梢若枝葉較多時，亦須短截修剪、進行摘芽。

16 整體修剪完成情況。

17 三週後枝葉伸展更為自然情況。

02 梅 應經常短截修剪末梢僅留存 15～20 公分短枝即能增加開花數量，促進果實碩大

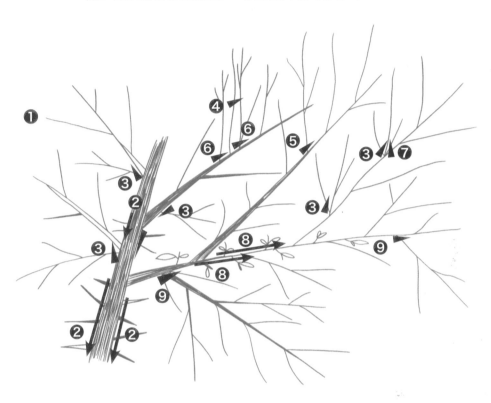

草本花卉類　地被類　觀果類　灌木類

喬木類

棕櫚類　竹竹類　蔓藤類　其他類　造型類

9 下垂枝剪除

8 枝幹上所密生的莖刺或小芽應剪除

7 叉生枝剪除

6 密集的枝可疏刪修剪

5 剪除直立徒長的枝

4 欲留的徒長枝可短截

3 陰生枝剪除

2 幹上密生莖刺應剪除

1 依「十二不良枝」判定修剪

BEFORE

短截修剪線

1 修剪作業前發現：枝葉過於密集生長、整體樹型有擴張生長情況。

2 可依循「十二不良枝」判定原則修剪，先鋸除結構枝上的「枯乾枝」。

3 須清除結構枝上有以前嫁接留存的塑膠帶。

4 剪除主枝分枝處的叉生枝。

5 主枝分枝處的分蘗枝（葉）亦須剪除。

6 過於伸長的分枝須進行短截修剪時，不得任意於節間中剪除。

7 短截修剪時應選擇於有芽的節上進行修剪。

8 枝條密生均一等長的小枝。

9 可間隔保持 15 ～ 20CM 的間距留存小枝，其餘均剪除。

10 剪除小枝時若如圖以剪定鋏「刀唇」貼剪時，將會留下殘枝傷口。

11 因此剪除小枝時須以剪定鋏「刀刃」貼剪。

12 如此能使傷口平整貼順。

13 今年生的枝葉（一年生枝）須短截修剪僅留存約 15～20CM 的長度。

14 將分枝僅留下 2～3 小枝即可。

15 再將小芽及小枝末端摘心或短截成約 15～20CM 的長度。

16 枝幹上或有密生的刺狀枝須加以剪除。

17 整體修剪作業完成。

18 三週後枝葉伸展及萌芽更為茂密情況。

03 櫻花
應短截修剪枝條末梢留存 30 ～ 40 公分、並摘除基部老葉即能增加開花數量

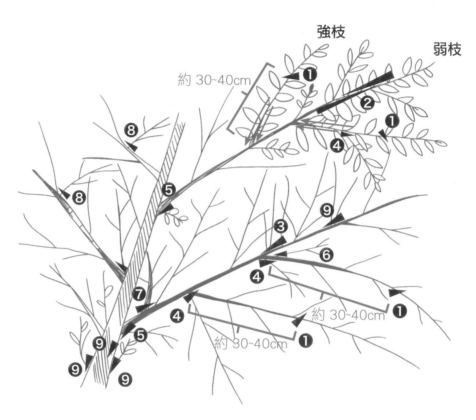

1 修剪作業前發現：右側主枝頂端有枯乾枝、新生枝葉於主枝上過於密集生長。

2 剪除結構枝上的新生小芽。

3 結構枝上的「叉生分蘗枝」亦須剪除。

4 結構枝的分枝處剪除不良枝後的情況。

5 幹上新生芽處，可以手指進行搓除。

6 新生芽以手指搓除完成的情況。

7 老枝部位的基部老葉或新生枝芽，可以手部上下抓捻搓除。

8 進行不良枝的修剪時，須自脊線到領環的角度進行剪定。

9 分枝處的新生芽皆須剪除。

草本花卉類　地被類　觀葉類　灌木類　**喬木類**　棕櫚類　竹竹類　蔓藤類　甘他類　唐型類

10 分枝上的密生今年生枝葉，可間隔疏刪修剪成長度大約 15 ～ 20CM 左右的間距。

11 每一分枝末梢的基部老葉或小枝、新生芽剪除完成後的情況。

12 末梢各分枝長度僅留下 30 ～ 40CM 即可，其餘可摘心剪除。

13 遇到過長的一二年生枝條萌發許多新生芽時。

14 亦可以手部抓捻摘除基部約 1/3 的老葉或小枝、新生芽。

15 抓捻摘除基部老葉或小枝、新生芽完成的情況。

16 整體修剪完成情況。

17 一個月後枝葉伸展更為自然情況。

04 青楓

短截修剪枝葉末梢以免枝條伸長，疏刪修剪密集枝葉，以使採光通風良好

1 徒長枝剪除

2 略下垂枝可短截修剪

3 各分枝基部的枝可剪除以增加樹冠內部通風採光

4 陰生枝剪除

5 分蘗枝剪除

6 分枝密集時可疏剪對生的枝

1 先進行全株與周邊環境景觀關係的檢視與觀察。

2 有病蟲害的分蘖枝可以判定去除。

3 緊貼地面「平切」鋸除完成之情況。

刀刃

刀唇

4 進行結構枝上的分蘖枝之剪除作業。

5 由下而上逐一去除。

6 以剪定鋏之刀刃面緊貼樹皮後剪除。

7 繼續將各分枝所萌生枝葉進行「疏刪」修剪。

8 青楓枝序為「對生」，因此疏刪原則為：間隔剪除一側使其為「互生」狀。

9 疏刪修剪於各分枝長度的1/3 到 1/2 處之基部進行即可。

10 各末梢分枝若要避免其繼續延長時，須予以「短截」。

11 可利用高枝剪進行叉生枝之剪除。

12 以高枝剪剪除後必會留下較長的枝梢。

13 繼續以高枝剪將「主芽」進行「摘心」，以及鄰近的「側芽」進行「摘芽」。

14 各分枝末梢的修剪作業完成。

15 持續以高枝剪進行樹冠外觀輪廓修剪。

16 整體修剪完成之全貌。

草本花卉類 地被類 觀葉類 灌木類 喬木類 棕櫚類 竹竹類 蔓藤類 其他類 造型類

303

05 台灣欒樹　宜善用12不良枝判定法進行整枝修剪

1 幹頭枝剪除
2 分蘗枝剪除
3 叉生枝剪除
4 陰生枝剪除
5 忌生枝剪除
6 徒長枝剪除
7 短徒長枝剪除
8 下垂枝剪除
9 過份伸長的枝可於末梢短截修剪
10 過份直立伸長的枝，為避免徒長可短截修剪

本案例運用 補償修剪／**修飾修剪**／**疏刪修剪**／短截修剪／生理修剪／造型修剪／更新復壯修剪／**結構性修剪**

1 修剪前發現：樹冠不良枝過多、擴張生長枝條下垂。

2 叉生交叉枝須鋸除。

3 交叉枝部位若過於粗大時，可分段分解鋸除。

4 粗大枝條以三刀法鋸除後，可再加以修整成自脊線到領環的角度。

5 忌生枝、徒長枝可以判定鋸除。

6 陰生枝須鋸除。

7 較粗的交叉枝可以用電鋸鋸除。

8 整體修剪完成呈現較對稱的圓形樹冠。

草本花卉類　地被類　觀葉類　灌木類　**喬木類**　棕櫚類　竹竹類　蔓藤類　其他類　造型類

06 櫸木　應避免修剪各枝頂梢以維持「其木可舉天」的櫸木特有杯狀直立樹型

1 分蘖枝剪除

2 下垂枝剪除

3 叉生枝剪除

4 逆行枝剪除

5 平行枝剪除

6 忌生枝剪除

7 平行近似下垂的枝可剪除

8 密集生長的基部小枝可剪除

9 過於凸出生長的枝可短截

10 過於擴張生長的枝可短截修剪

11 密集生長的各分枝基部小枝可剪除

本案例運用 補償修剪／**修飾修剪／疏刪修剪**／短截修剪／生理修剪／造型修剪／更新復壯修剪／**結構性修剪**

1 修剪前發現：枝葉生長密集、偏左生長明顯、下垂枝過多。

2 依十二不良枝判定法，自結構枝往上方逐步檢視，進行修剪。

3 主幹上的分蘗枝、枯乾枝均剪除。

4 分蘗枝、枯乾枝剪除完成後情況。

5 較高處的平行枝等不良枝，可利用高枝鋸修剪。

6 修剪完成的樹冠內部之採光與通風情況良好。

7 整體修剪完成情況。

草本花卉類　地被類　觀葉類　灌木類　**喬木類**　棕櫚類　竹竹類　藝蕨類　其他類　造型類

07 流蘇　善用 12 不良枝判定法修剪並將幹上小枝剪除以促使生長健壯

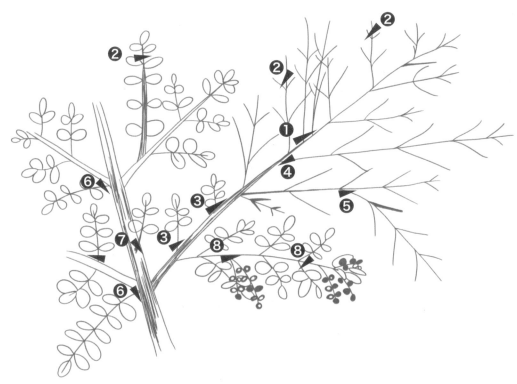

1 徒長枝剪除

2 徒長枝可摘心短截做為修補用枝

3 短徒長枝剪除

4 強勢的平行上枝剪除

5 下垂枝剪除

6 陰生枝剪除

7 分蘗枝剪除

8 結果枝剪除

本案例運用　補償修剪／修飾修剪／**疏刪修剪　短截修剪**／生理修剪／造型修剪／更新復壯修剪／**結構性修剪**

1 修剪前發現：主幹分枝過多而密、樹冠過於擴張生長。應進行「結構性修剪」。

2 先自主幹的「幹頭枝」等不良枝進行鋸除。

3 主幹所萌生的分蘗枝、下垂枝亦須一一剪除。

4 剪除分蘗枝。

5 以剪定鋏剪除時，亦須自脊線到領環為角度進行剪除。

6 左側主枝過於伸長的末梢須短截修剪。

7 再將各分枝末梢的結果枝於下方節上予以剪除。

8 然後剪除主枝新生的小枝、新芽。

9 整體結構性修剪完成，呈現雙主枝的型態，並適度保留新芽給予繼續成長。

草本花卉類｜地被類｜觀葉類｜灌木類｜**喬木類**｜棕櫚類｜竹竹類｜蔓藤類｜其他類｜造型類

08 楓香　頂梢不得受損及修剪，以免破壞「頂端優勢」影響圓錐自然樹型

短截修剪線

1 修剪假想範圍線可做全株造型參考

2 徒長枝部位短截

3 強勢的側枝部位短截

4 忌生枝剪除

5 過於擴張生長的枝可短截

6 各型陰生枝應剪除

7 下垂枝部位短截修剪

8 徒長枝剪除

9 分蘖枝剪除

1 修剪前發現：自然錐形的樹體已變形，且有偏左擴張生長，故設定一短截修剪線。

2 自主幹左側分生過多、過密的平行主枝須鋸除。

3 分生較密集的枝條可用切枝鋸疏枝鋸除。

4 對於枝條較長部位的短截修剪，應於分枝處上鋸除。

5 鋸除主枝上方所萌生的粗大分蘖枝。

6 主枝上方所萌生的較小分蘖枝，則用剪定鋏剪除。

7 由枝條內部向外部逐一檢視不良枝後，進行剪除。

8 末梢叢生枝條部位，可以自分枝處下方另選節上剪除。

9 整體修剪完成呈現：直立主幹輪生枝序的自然錐形樹木形態。

草本花卉類　地被類　觀葉類　灌木類　**喬木類**　棕櫚類　竹類　蔓藤類　其他類　造型類

09 茄苳　修剪維持樹冠內部有良好採光與通風才能避免病蟲害

1 分蘗枝剪除
2 幹頭枝剪除
3 忌生枝剪除
4 陰生枝剪除
5 下垂枝剪除
6 略有徒長的枝可短截
7 過於強勢的枝可短截
8 過於伸長的枝可短截
9 過於伸長及下垂枝可短截修剪

1 修剪前發現：樹冠內部分枝
　密集且過於擴張生長。

2 樹冠內部忌生枝、下垂枝、
　分蘗枝較多。

3 枝葉已被吹棉介殼蟲危害。

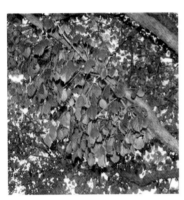

4 主要分枝下方多生的分蘗枝
　及下垂枝須剪除。

5 以電鏈鋸將平行枝自脊線到
　領環為角度進行鋸除。

6 較細小的陰生徒長枝可利用
　切枝剪做修剪。

7 樹冠內部不良枝修剪完成
　後，可接著進行短截修剪。

8 對於下垂枝及枝葉末梢須要
　修剪時，高枝鋸是好幫手。

9 修剪完成：各枝序疏密得宜
　的情況。

草本花卉類　地被類　觀葉類　灌木類　**喬木類**　棕櫚類　竹竹類　蔓藤類　其他類　造型類

10 無患子 夏季應針對樹冠內密生的小枝、新芽進行剪除

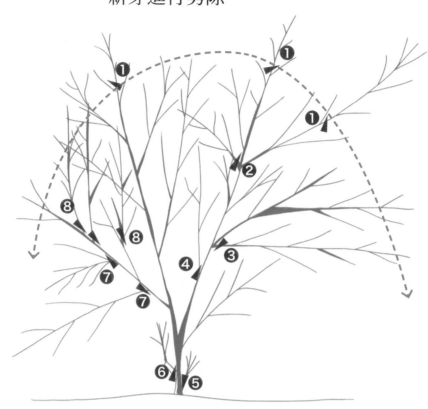

1 強勢頂稍可短截修剪
2 忌生枝剪除
3 陰生下垂枝剪除
4 內部密集略有徒長的枝可剪除
5 分蘗枝剪除
6 幹頭枝剪除
7 下垂枝剪除
8 徒長枝剪除

本案例運用 補償修剪／**修飾修剪**／**疏刪修剪**／短截修剪／生理修剪／造型修剪／更新復壯修剪／結構性修剪

1 修剪前進行群植整體的檢視發現：植株規格參差不齊、雜亂無樹型。

2 鋸除結構枝上的幹頭枝。

3 主枝上的幹頭枝須鋸除。

4 枝幹上的分蘖枝亦須鋸除。

5 因先前截頂打梢的修剪不良、而多發的陰生枝必須疏刪修剪。

6 無患子的分枝處僅須留存成互生枝序狀態，因此多餘的徒長枝均須鋸除。

7 對於先前不當截頂的切口所萌生的枝，若要留存可順由新枝間隔角度疏刪鋸除。

8 不當截頂所萌生的新生枝條之疏刪修剪完成情況。

9 修剪完成的現況。

草本花卉類　地被類　觀葉類　灌木類　**喬木類**　棕櫚類　竹類　蔓藤類　其他類　造型類

315

喬木類～熱帶落葉闊葉

性狀分類	植栽應用分類	例舉常見植物
喬木類	熱帶落葉闊葉	阿勃勒、鳳凰木、藍花楹、大花紫薇、黃金風鈴木、黃花風鈴木、白花風鈴木、粉紅風鈴木、洋紅風鈴木、紅花風鈴木、黃槐、羊蹄甲、洋紫荊、艷紫荊、花旗木、南洋櫻、爪哇旃那、鐵刀木類、盾柱木類、台灣刺桐、黃脈刺桐、火炬刺桐、珊瑚刺桐、雞冠刺桐、膠蟲樹。大花緬梔、鈍頭緬梔、黃花緬梔、紅花緬梔、雜交緬梔、魚木、日日櫻、大葉日日櫻、菩提樹、印度紫檀、印度黃檀、麻楝、雨豆樹、金龜樹、墨水樹、臺灣梭羅樹、天料木、蘋婆、掌葉蘋婆、蘭嶼蘋婆、麻瘋樹、黃槿、無花果。黑板樹、漆樹、桃花心木、山菜豆、海南山菜豆。小葉欖仁、錦葉欖仁、欖仁、第倫桃、火焰木。木棉、吉貝木棉、美人樹、猢猻木、辣木。

　　熱帶落葉闊葉植栽在台灣地區，不論是春季、夏季到秋季的生育適溫皆屬於「生長旺季」，而冬季的季節性落葉或是夏季的枯水期落葉後之「休眠期間」，也是適合進行強剪或移植作業，所以這類植物幾乎是在台灣是「全年皆適宜」進行強剪或移植作業。

　　這類植栽有兩種常見的「休眠期」，一是入秋之後的冬季低溫的「季節週期性休眠期」，一是因為夏季的長期乾旱缺水而來的「枯水期休眠期」，是熱帶落葉性闊葉樹木藉由落葉達到自我保護的作用。

　　由於，在台灣的夏季期間，亦即是：春到秋季之間（清明至中秋）期間，其氣候、溫度及環境如同這些植栽所喜歡適應的原生環境一般，因此這類植栽皆能表現出生長旺季的特徵與活力，亦即會不斷的萌生新芽；所以選擇在此期間進行修剪或移植作業時也是非常適合。

　　正因為其生性強健、生長快速，在強剪或移植作業上是屬於較簡易，且不容易作業失敗的植栽種類，所以在台灣地區的苗圃栽培或景觀應用皆能十分普遍而廣泛，也因此在台灣各地皆能常見其樹姿芳蹤。進行喬木類～熱帶落葉闊葉植栽的修剪作業，仍應首重以「12不良枝判定」修剪與正確的「自脊線到領環下刀」的修剪技巧，這樣才不會影響其傷口的自然癒合、枝幹部位的輸送與構造功能…而妨害後續的正常生長。由於其生性強健、生長速度極快，因此每次修剪作業後的傷口周邊，經常會萌生許多不定芽而形成分蘖枝，因此建議在每次修剪作業後應再安排時間定期巡剪。

　　此外，也應該適時針對樹體各部位新生的枝條，或樹冠內部較密集生長者應進行合理的「疏刪 W 判定修剪」，或有樹冠外幅較擴張生長或開張下垂者，則應進行合理的「短截 V 判定修剪」；如此才可以避免樹體與樹型的過分擴張生長而變形、或產生較多的徒長枝、或叢生小枝葉…等，進而因樹冠內部枝葉密集，影響採光與通風的不良，而容易滋生或寄宿病蟲害。

01 阿勃勒　應將細小枝葉或分蘗枝及開花後枝進行剪除

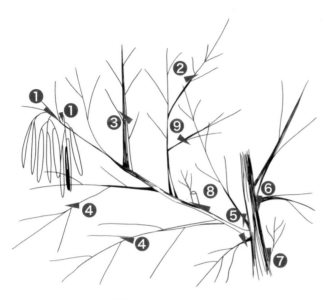

草本花卉類｜地被類｜觀葉類｜灌木類

喬木類

棕櫚類｜竹竹類｜蔓藤類｜其他類｜造型類

1 遇有結果枝剪除
2 過於伸長的枝可短截
3 徒長枝可短截改善
4 過於伸長下垂枝可短截
5 叉生枝剪除

6 陰生下垂枝剪除
7 分蘗枝剪除
8 幹頭枝剪除
9 忌生枝剪除

本案例運用　補償修剪／**修飾修剪**　**疏刪修剪**／短截修剪／生理修剪／造型修剪／更新復壯修剪／結構性修剪

1 修剪作業前發現：樹冠分枝過於伸長、花期已結束、莢果開始成長。

2 先剪除花後枝及結果枝。

3 進行末梢短截修剪時，應選擇在枝葉分生處上方剪除。

4 以高空作業車逐步環繞樹冠的另一側邊修剪。

5 整體修剪後呈現：使重心高度降低、花果摘除完成。

02 大花緬梔 疏刪修剪維持樹冠內部有良好採光與通風

PS 晴與皮膚。
因其乳汁含有劇毒，需注意修剪時勿傷及眼

1 密集生長的分枝可疏刪修剪成每節僅分生二枝
2 遇有結果枝可剪除
3 強枝有伸長或下垂時可短截修剪
4 陰生下重枝剪除
5 枯乾枝剪除
6 叉生枝剪除
7 幹頭枝剪除

本案例運用 補償修剪／**修飾修剪／疏刪修剪**／短截修剪／生理修剪／造型修剪／更新復壯修剪／結構性修剪

BEFORE

1 修剪作業前發現：枝葉過於密集生長、已有初步罹患介殼蟲徵狀、整體樹型有偏左側生長情況。

2 先檢視全株若遇有枯乾幹頭枝則可先以切枝鋸切除。

3 鋸除「枯乾幹頭枝」時必須自脊線到領環外移一公分下刀切除。

4 先檢視全株若遇有枯乾幹頭枝則可先行以切枝鋸切除。

5 鋸除「枯乾幹頭枝」時必須自脊線到領環外移一公分下刀切除。

6 主枝以上各層級以分生兩枝為原則，並依循「十二不良枝」判定原則修剪。

7 分生較細的「叉生枝」須予以切除。

8 較向內分生的「叉生忌生枝」亦須切除。

AFTER

9 各分枝的典型「叉生枝」須予以切除。

草本花卉類／地被類／觀葉類／灌木類 **喬木類** 棕櫚類／竹竹類／蔓藤類／其他類／造型類

319

03 黑板樹 應維持直立單主幹自然樹型的樣貌切勿截頂打稍而形成多頭主枝

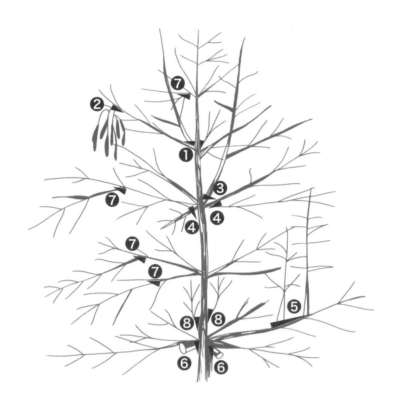

1 多發頂稍可剪除
2 遇有結果枝可剪除
3 強勢的徒長枝剪除
4 陰生小枝剪除
5 幹頭分枝剪除
6 剪除分枝上的徒長枝
7 下垂枝剪除
8 分蘖枝剪除

本案例
運用 補償修剪／**修飾修剪**／**疏刪修剪**／短截修剪／生理修剪／造型修剪／更新復壯修剪／結構性修剪

1 修剪作業前發現：樹冠上部枝葉較為密集而重心較高。

2 過長的叉生幹頭枝應分段分解鋸除。

3 叉生徒長枝須鋸除。

4 陰生下垂枝亦須鋸除。

5 較大的不良枝利用電動鏈鋸修剪。

6 兩兩主枝間的不良枝須加以修剪。

7 接著以修枝剪將樹冠外觀輪廓予以修剪。

8 以高空作業車逐步繞行樹冠向上修剪。

9 整體修剪後呈現：使分枝平均分佈、重心高度降低。

草本花卉類　地被類　觀葉類　灌木類　**喬木類**　棕櫚類　竹竹類　蔓藤類　其他類　造型類

04 小葉欖仁
應從幼年小樹起進行修剪控管成為：
整體直立單主幹的層層輪生枝序造型

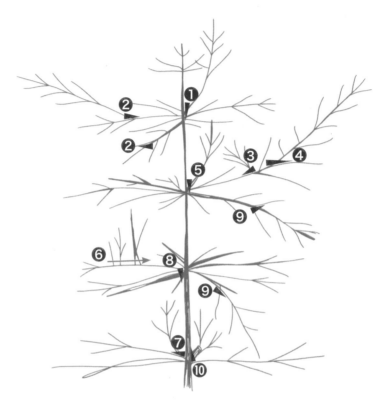

1 多發頂稍須剪除
2 伸長的側枝短截
3 忌生枝剪除
4 過於伸長的強勢側枝可短截
5 徒長枝剪除
6 短徒長枝剪除
7 陰生徒長枝剪除
8 密集而平行的枝剪除
9 較下垂枝可短截
10 幹頭枝剪除

本案例運用 補償修剪／修飾修剪／**疏刪修剪**／**短截修剪**／生理修剪／造型修剪／更新復壯修剪／**結構性修剪**

1 修剪作業前發現：主梢的頂端優勢不顯著、樹冠上方枝葉過於密集生長。

2 先於主幹下層往上，將各枝條輪生疏刪修剪。

3 依「直立主幹輪生枝序的修剪四要」由下往上修剪。

4 可鋸除各分枝的忌生枝、向上的平行枝。

5 樹冠的輪廓可設定「修剪假想範圍線」以修枝剪、高枝剪或高枝鋸修剪。

6 頂梢的分枝層上有較粗的忌生枝必須剪除。

7 以不同的角度逐一檢視樹冠周邊，進行修剪。

8 各層末端枝葉以修枝剪進行末梢摘心、摘芽的修剪。

9 以高枝鋸清除掉落枝葉後，即可完成整體修剪。

草本花卉類　地被類　觀葉類　灌木類

喬木類

棕櫚類　竹類　蔓藤類　其他類　造型類

05 木棉　開花後以竹竿順著枝條上方，刮除花托即可避免結果

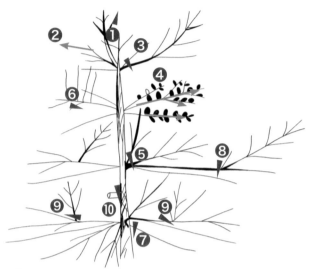

1 剪除徒長的頂端分梢
2 徒長枝剪除
3 強勢的側枝可做短截
4 開花後之結果部位可以竹竿左右來回打除
5 陰生徒長枝可剪除
6 忌生枝剪除
7 平行下枝可剪除
8 側枝強梢可短截
9 略有徒長枝現象可剪除
10 幹頭枝剪除

本案例運用　補償修剪／**修飾修剪**／**疏刪修剪**／短截修剪／生理修剪／造型修剪／更新復壯修剪／結構性修剪

BEFORE

短截修剪線

1 修剪作業前發現：枝葉過於密集生長、且有上方過於擴張生長的情況。

2 先檢視全株各枝條輪生處，若遇有較小枝條時，可將其鋸除。

AFTER

3 依序將每一輪生主枝，於其基部約三分之一以內所分生的次主枝一一修除。

4 再於各輪生主枝末梢，對較伸長於「修剪假想範圍線」外的枝條以高枝剪摘芽。

5 整體依「直立主幹輪生枝序修剪四要」修剪完成情況。

棕櫚類──修剪要領

/**性狀分類**/棕櫚類

/**定義**/
皆屬單子葉植物之棕櫚科的棕櫚屬或海棗屬⋯所俗稱「椰子」的大中小型植物者。

/**修剪要領**/

1、平時維護於葉鞘分生處設水平線「弱剪」

2、移植時得於葉鞘分生處設 45 度線「強剪」

3、修剪除葉時應順將既有的花苞果實剪除

4、應適時將叢生程者的新生分蘗子芽株剪除

/**強剪適期判斷通則**/
「生長旺季」萌芽期間內得「強剪」

/**強剪適期之建議季節期間**/
夏秋季間：端午至中秋期間

植栽應用分類	單生程型

/**例舉常見植物**/
女王椰子、大王椰子、國王椰子、亞歷山大椰子、狐尾椰子、可可椰子、檳榔椰子、棍棒椰子、酒瓶椰子、甘藍椰子、孔雀椰子、聖誕椰子、羅比親王海棗、臺灣海棗、銀海棗、壯幹海棗、加拿利海棗、三角椰子、糖棕、凍子椰子、網實椰子、魚尾椰子、油椰子。蒲葵、圓葉蒲葵、華盛頓椰子、壯幹棕櫚、棕櫚、扇椰子、霸王櫚、行李椰子、紅棕櫚、黃金棕櫚、圓葉刺軸櫚、斐濟櫚、龍麟櫚。

植栽應用分類	叢生程型

/**例舉常見植物**/
袖珍椰子、雪佛里椰子、叢立孔雀椰子、觀音棕竹、斑葉觀音棕竹、棕櫚竹、矮唐棕櫚、刺軸櫚。黃椰子、紅椰子、金鞘椰、叢立檳榔、細射葉椰子、馬氏射葉椰子、桃椰、山棕、水椰、水藤、黃藤、馬島椰子。

/**維護管理作業**年曆/

植栽應用類	1	2	3	4	5	6	7	8	9	10	11	12
單生程型 叢生程型	□	□	□	□	□	□	■▲●	□	□	□	□	□

1、表示當月需要作業的項目，□弱剪、■強剪、△支架檢查固定、▲基盤改善作業。

2、表示肥料●。

01 袖珍椰子

平時應適時將枯黃老葉、密生子芽株，
進行剪除

4 修剪後可補充適量培養土及有機肥以利生長

3 夏季可評估分生密集程度進行疏芽疏株修剪

2 遇有花莖可剪除

1 老化枯黃葉片可剪除

1 修剪作業前發現：枯黃葉片多而雜、密生分蘗子芽株多而孱弱、莖幹根盤浮露。

2 用手將枯稿乾腐的葉鞘摘除清理。

3 以手拔除枯乾的莖稈。

4 再將盆面的枯葉、雜物等進行清理。

5 枯黃及老化的葉鞘可用手撥開拔除。

6 若葉鞘用手無法拔除時，可以剪定鋏剪除。

7 剪除枯黃及老化葉鞘時，剪定鋏應順著主莖方向角度斜上貼剪。

8 接著檢視看看是否有開花莖或結果莖，若有應做剪除。

9 莖幹葉鞘部位修剪完成後之樣貌。

草本花卉類　地被類　觀葉類　灌木類　高木類

棕櫚類

竹竹類　蔓藤類　其他類　造型類

327

10 葉鞘部位修剪完成後：仍
呈現新舊葉片參差、樹冠
開張情況。

11 再接著將不完整的、枯黃
的、受損變黑的葉片從葉
鞘部位剪除。

12 新舊葉片可由葉色深淺來
判斷，深色的是老葉、淺
色的是新葉。

13 剪除老葉時，以剪定鋏順
著主莖方向的角度斜上貼
剪。

14 整體修剪工作完成情況。

15 由於莖幹根盤浮露，因此
必須用有機培養土加以客
填培土蓋滿浮根表面。

16 客填培土後，可用手指略
為按壓至緊實、並且不要
忘了立即澆水。

17 更新復壯修剪完成情況。

02 女王椰子 平時弱剪葉片下垂至葉鞘分生水平線以下者

4 葉柄應自基部以45度角貼齊斜切

3 遇有開花或結果枝可一併剪除

2 將低於水平線下的葉片自葉鞘處貼剪「修剪假想範圍」

1 自葉鞘分生處設一水平線為

BEFORE

修剪範圍線（弱剪）

1 修剪前應自葉鞘分生處設定一「修剪假想水平線」，須檢視修除下垂超過該線以下的枝葉。

2 以細齒切枝鋸自葉鞘部位貼切將葉部剪除。

AFTER

3 鋸除葉鞘時如發現有花序、花苞或果梗時，亦須一併修除。

4 若有斷折或枯黃的老葉，必須加以修除。

5 整體以超過「修剪假想水平線」以下的下垂枝葉進行「弱剪」完成。

草本花卉類 地被類 觀葉類 灌木類 喬木類 棕櫚類

竹類

蔓藤類 其他類 造型類

03 蒲葵　平時弱剪時應緊貼基部以 45 度角向上修除葉柄

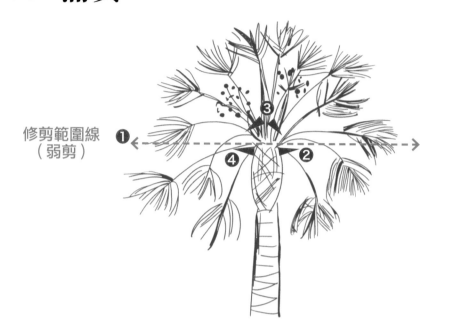

修剪範圍線
（弱剪）

1 自葉鞘分生處設一修剪假想範圍水平線

2 將低於水平線下的葉片，自葉鞘貼剪

3 遇有開花或結果枝可一併剪除

4 葉柄應自基部貼齊剪除

BEFORE

1 應自葉鞘分生處設定一「修剪假想水平線」，檢視下垂超過該線以下的枝葉。

2 可利用高空作業車以利修剪作業。

AFTER

3 先以細齒切枝鋸自葉鞘部位貼切將葉部剪除。

4 接著將正在開花的佛焰苞花序花枝一一修剪去除。

5 整體以超過「修剪假想水平線」以下的下垂枝葉進行「弱剪」完成情況。

04 黃椰子 平時應勤加適時修除叢生分蘖子芽

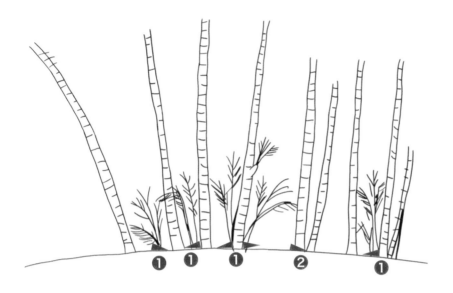

1 2
每年夏季可自地面將分蘖子芽株剪除
老化的稈亦可自地面處剪除

草本花卉類 地被類 觀賞類 喬木類 灌木類 棕櫚類

竹類

蔓藤類 耳仲類 造型類

1 修剪作業前發現:枝葉茂密、密生分蘖子芽株。

2 過於密集生長的枝稈,須以切枝鋸平均鋸除。

3 枯黃及老化葉部續以剪定鋏以 45 度角向上斜剪去除。

4 剪除後之傷口樣貌。

5 整體修剪完成之情況。

竹類——修剪要領

/**性狀分類**/草本花卉類

/**定義**/

本類型外觀多呈現似草非草、似木非木的型態，亦即俗稱「竹子類」的各種禾本科竹亞科植物。

/**修剪要領**/

1、老竹：於每節疏枝僅留存三至五小枝分佈
2、老竹：每節留存小枝的基部新生芽應摘除
3、每年遇有新筍萌發時即應進行老稈剪除
4、新生竹：摘心控制新生竹稈的高度
5、新生竹：摘芽控制新生分枝的寬度
6、矮竹類：每年休眠期間應自地面割除更新
7、老竹叢：每年休眠期間應將老稈鋸除更新

植栽應用分類	溫帶型

/**強剪適期判斷通則**/

春節前後一個月期間

/**強剪適期之建議季節期間**/

「生長旺季」萌（筍）芽期間內得「強剪」

/**例舉常見植物**/

日本黃竹、稚子竹、稚谷竹、崗姬竹、孟宗竹、江氏孟宗竹、四方竹、人面竹、龜甲竹、八芝蘭竹、長毛八芝蘭竹、石竹、剛竹、空心苦竹、業平竹、裸籜竹、包籜箭竹、台灣箭竹、玉山箭竹。

植栽應用分類	熱帶型

/**強剪適期判斷通則**/

清明節前後一個月期間

/**強剪適期之建議 季節期間**/

「生長旺季」萌（筍）芽期間內得「強剪」

/**例舉常見植物**/

唐竹、斑葉唐竹、變種竹、桂竹、黑竹、麻竹、美濃麻竹、綠竹、鬚腳綠竹、蓬萊竹、蘇仿竹、梨果竹。短節泰山竹、泰山竹、佛竹、葫蘆麻竹、長枝竹、條紋長枝竹、黃金麗竹、蘇仿竹、金絲竹、鳳凰竹、紅鳳凰竹、紅竹、羽竹、斑葉稿竹、內門竹、布袋竹、烏葉竹、火管竹、金絲火管竹、銀絲火管竹、刺竹、林氏刺竹、南洋竹、暹羅竹、巨竹、印度實。

／維護管理作業 年曆／

植栽應用類	1	2	3	4	5	6	7	8	9	10	11	12
溫帶型	□	■▲●	□	□	□	□	□	□	□	□	□	□
熱帶型	□	□	□	■▲●	□	□	□	□	□	□	□	□

1、表示當月需要作業的項目，□弱剪、■強剪、△支架檢查固定、▲基盤改善作業。
2、表示肥料●。

竹類植栽的修剪應著重於控管竹稈與枝葉的疏密度，才能呈現具有空間與線條美感的景觀效果。

草本花卉類｜地被類｜觀葉類｜灌木類｜喬木類｜棕櫚類｜**竹類**｜蔓藤類｜其他類｜造型類

01 日本黃竹

冬季葉片呈現枯槁狀時可自地表面
將莖葉完全剪除後培土追肥

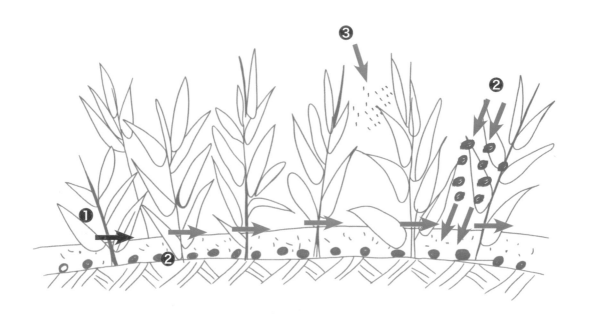

3 補充有機培養土後，整地平順

2 追給有機質粒狀肥

1 冬季自地面將竹莖割除

1 修剪作業前現況：在冬季時葉片已呈現枯槁狀。

2 以修枝剪自地表面，將莖葉完全剪除。

3 修剪枯槁狀莖葉完成情況。

4 以齒耙將修剪後莖葉掃除。

5 初步完成更新復壯的修剪情況。

6 以有機培養土或堆肥土輕輕平均舖灑在竹叢中。

7 適當充足的澆水之後即完成整體作業。

8 培土整地完成情況視需要亦可在此時「追氮肥」。

9 兩個月之後即長出新筍、新芽、成葉的完美情況。

草本花卉類 地被類 觀葉類 灌木類 喬木類 棕櫚類 **竹類** 蔓藤類 其他類 造型類

335

02 唐竹（返回修剪） 新筍萌發時可將老稈剪除、摘心控制高度、摘芽控制枝寬

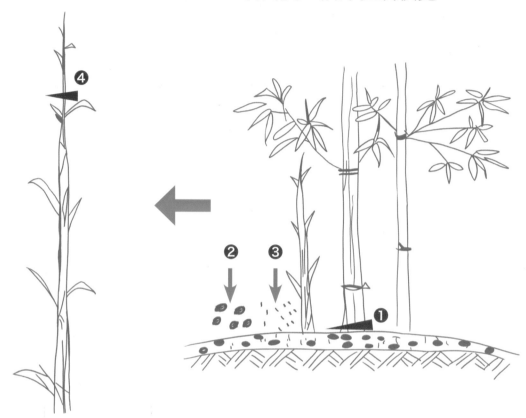

1 在新竹旁的老竹可自地面鋸除
2 追給有機質肥料
3 補充培養土後整地平順
4 待新竹長到理想高度後可於節上平剪摘心

1 修剪前竹叢密生現況。

2 先將老竹稈（顏色暗退較無光澤者）自地面平切剪除。

3 老竹稈平切剪除後情況。

4 陸續剪除老竹稈作業中。

5 剪除老竹稈留存今年生的新竹筍。

6 新筍高度控制可於頂芽末端摘心修剪。

7 具有理想高度的新筍則無須摘心。

8 建議各新竹稈的間距大約20.CM 約等同分枝寬度以上為宜。

9 返回修剪作業完成，建議後續進行培土追肥以利生長。

草本花卉類 地被類 觀葉類 灌木類 喬木類 棕櫚類 **竹類** 蔓藤類 其他類 追加類

337

03 短節泰山竹　叢生密集枝葉處應進行間隔疏刪修剪
以維持樹冠內部的採光與通風良好

5 叢生密集時，可評估於新筍期自地面平切剪除
4 基部分生下垂枝剪除
3 基部分生平行枝剪除
2 基部分生直立的小枝剪除
1 基部分生的不良枝可於新芽期剪除

1 修剪前現況：叢生密集枝葉雜亂。

2 先將各稈上的竹籜用手一一摘除。

3 各稈的每一節上若有枯乾的枝條亦須貼切鋸除。

4 節上較粗的枯枝鋸掉後，再用剪定鋏修剪小枝使傷口平整。

老竹

5 已生長約三年的老竹稈，須於地面平切鋸除。

6 這是表面看起來正常、被短截過的幹頭枝。

7 可從分枝處的節上平切鋸除，這時發現：稈內的蟻類大量逃逸出來。

8 幹頭枝修剪完成後情況。

9 短節泰山竹會有叢生枝情形，可加以疏刪修剪。

草本花卉類　地被類　闊葉類　灌木類　喬木類　棕櫚類

竹類

蔓藤類　其他類　造型類

10 遇到長得太高的竹稈，可自行決定於適當高度的節上平切鋸除。

11 高度控制的平切完成情況。

新竹

12 接著檢視今年生的新竹並進行修剪。

13 在整枝稈的節上選擇生長較強勢的新枝群集處，一一剪除其下方萌生的新枝芽。

14 持續間隔剪除新枝芽直到最上方處，新枝生長方向若往整體樹冠中心生長時（形似忌生枝），亦先須剪除。

15 對於較老竹稈上叢生的細長老枝，可先疏刪修剪細小、殘弱、軟長的枝。

16 檢視各分枝，約留下 5～7 節的長度，其餘可自節上平剪修除。

17 即使在末梢新生葉芽處，亦須從節上葉鞘處平剪修除。

AFTER

18 整體修剪老竹、疏枝疏芽、留下新竹的修剪完成情況。

蔓藤類──修剪要領

／**性狀分類**／草本花卉類

／**定義**／

其主莖生長點發達、頂梢生長快速，多具有纏繞性或吸壁性或懸垂性、依附性……等性狀，使其容易攀爬、懸垂或依附之植物者屬之。

／**修剪要領**／

1、主蔓旁生細小的枝葉芽應即時剪除
2、枝葉過於突出或下垂者應剪除平順
3、過於密集叢生分枝應進行疏枝疏芽
4、開花後的花後枝及結果枝皆應剪除
5、每三至五年間應進行更新復壯返剪

植栽應用分類	常綠性

／**強剪適期判斷通則**／

「生長旺季」萌（筍）芽期間內得「強剪」

／**強剪適期之建議季節期間**／

「休眠期間」即：落葉後至萌芽前──得「強剪」。

／**例舉常見植物**／

百香果、大果西番蓮、三角西番蓮、毛西番蓮、大鄧伯花、木玫瑰、煙斗花藤、黑眼花、木玫瑰、馨葳、菲律賓石梓、紫芸藤、珍珠寶蓮、紅萼珍珠寶蓮、星果藤、懸星花、大錦蘭。錦屏藤、絡石類、常春藤類、虎葛、雞屎藤、牽牛花、白花槭葉牽牛、槭葉牽牛花、金銀花、何首烏、跳舞女郎、魚藤、蝶豆花、洋洛葵、山洛葵。九重葛類、覆盆子、鶯爪花、軟枝黃蟬、紅蟬花、紫蟬花、大紫蟬、菊花木、錫葉藤、鷹爪花、多花素馨、山素英、非洲茉莉、貓爪藤、光耀藤。薜荔、越橘葉蔓榕、愛玉子。

／例舉常見植物／

多花紫藤、白花紫藤、黃花紫藤、炮仗花、蒜香藤、珊瑚藤、地錦、葡萄、山葡萄、使君子、凌宵花、洋凌霄、金杯藤、雲南黃馨、鐵線蓮。

／強剪適期判斷通則／

春夏秋季間：清明至中秋期間

／強剪適期之建議季節期間／

冬季低溫期：春節前後至早春萌芽前

／維護管理作業年曆／

植栽應用類	1	2	3	4	5	6	7	8	9	10	11	12
常綠性	□	□	□	■△ ▲●	□	□	□	□	□	□	□	□
落葉性	■△ ▲●	□	□	□	□	□	□	□	□	□	□	□

1、表示當月需要作業的項目，□弱剪、■強剪、△支架檢查固定、▲基盤改善作業。
2、表示肥料●。

01 百香果類

枝葉過於突出或下垂者應短截修剪
使其平順

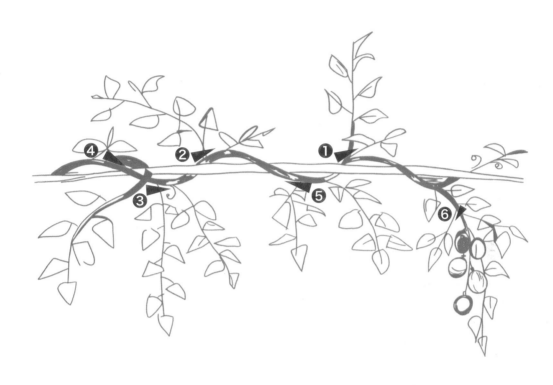

草本花卉類　地被類　觀葉類　灌木類　高木類　棕櫚類　竹類　**蔓藤類**　其他類　造型類

1 剪除直立生長的徒長枝
2 生長方向相反的逆行枝可剪除
3 過於下垂的枝可剪除
4 過於糾纏的雜亂藤枝可剪除
5 枯黃老枝可剪除
6 採收果實時可自下一節成串剪下

1 修剪前由上向下俯視現況。

2 先清除堆積在棚架與蔓藤間的枯葉。

3 枯乾蔓藤、枝條須拉拔清除。

4 向上伸長發育的徒長枝須剪除平順。

5 超過棚架而繼續伸長發育的藤蔓末梢應即時修剪、摘心短截。

6 去年生的老枝將其拉撐後再於節上剪除。

7 枝條如生長強勢而突出，可於末梢進行摘心。

8 開花枝的末梢必須摘心以使養分能集中供其結果之用。

9 過長的藤蔓如須短截時應於節上修剪。

10 棚架下方的藤蔓密集側生
枝葉部分可以剪除。

11 棚架下方的藤蔓下垂枝葉
亦可剪除。

12 缺乏枝葉的棚架區域可將
下垂枝葉誘引固定。

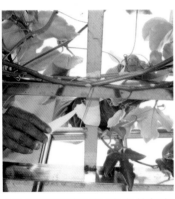

13 將藤蔓誘引至適當的棚架
網目中，並以布繩綁紮固
定。

14 棚架上藤蔓誘引及修剪完
成。

15 整體修剪作業完成使其藤
蔓分佈更加平均貼順。

16 約三週後，開花較為集中而盛開情況。

草本花卉類　地被類　觀葉類　灌木類　喬木類　棕櫚類　竹類　**蔓藤類**　其他類　造型類

02 九重葛類 密集叢生分枝應疏枝疏芽直立向上枝應彎折朝下促進開花

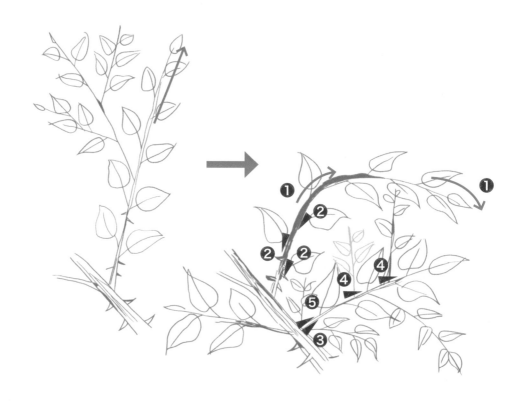

6 採收果實時可自下一節成串剪下
5 枯黃老枝可剪除
4 過於糾纏的雜亂藤枝可剪除
3 過於下垂的枝可剪除
2 生長方向相反的逆行枝可剪除
1 剪除直立生長的徒長枝

1 修剪作業前現況。

2 將開花後的枝剪除。

3 開花枝前次殘留的細小枯乾枝亦須剪除。

4 短截修剪時應盡量選擇在葉上或芽上部位的節上修剪。

5 過長的開花枝應做短截修剪，可自葉芽的節上剪除。

6 較木質化的枝條，須由節上進行修剪。

7 有枯乾幹頭枝時，可自脊線位置以 45 度角斜切。

8 主幹上的枯乾枝得以顯見植物本身具備的防禦機制以避免腐朽菌入侵。

9 整體修剪作業完成。

草本花卉類　帕被類　觀葉類　灌木類　喬木類　棕櫚類　竹類　**蔓藤類**　其他類‧造型類

03 薜荔　加強所攀附牆柱面之灑水濕潤作業即可促進其攀附生長快速

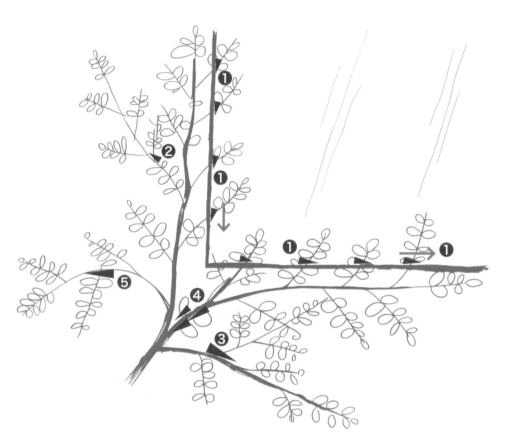

1 可順著窗邊剪除莖葉末稍

2 剪除向內部密集生長的小枝

3 相互交叉生長的枝可剪除

4 基部老葉可剪除

5 下垂枝可剪除

1 修剪作業前現況：蔓藤過
　份生長至窗緣內。

2 以窗戶下緣為界，用剪定鋏
　將較粗的枝條先修邊剪除。

3 再以修枝剪沿著窗緣為界，
　修邊剪除突出枝葉。

4 立面枝葉較突出生長部分，
　用修枝剪進行修剪。

5 續依牆邊轉角處的磚緣為界
　進行修剪。

6 針對屋簷下緣較下垂的枝葉
　進行修剪。

7 窗緣四週的枝葉可用剪定鋏
　沿著窗緣修剪。

8 牆面枝葉較突出生長的部
　份，以修枝剪修剪平順。

9 整體修剪作業完成情況。

草本花卉類　地被類　觀葉類　灌木類　喬木類　棕櫚類　竹類　**蔓藤類**　其他類　造型類

04 錦屏藤　密集而交錯的藤蔓枝條，應適時將其疏刪修剪

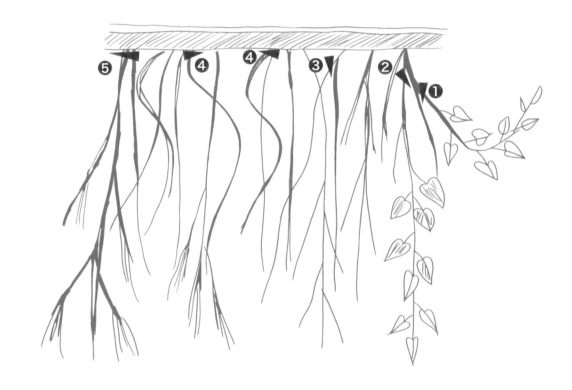

1 剪除向上彎曲生長的枝
2 剪除枯黃的枝
3 剪除過於弱小細小的枝
4 剪除過於彎曲不順質的枝
5 剪除老化粗壯的藤枝

1 修剪作業前現況：藤蔓枝序凌亂且錯綜複雜。

2 先清除堆積在棚架與蔓藤間的枯乾老藤及枯葉。

3 向下生長的枝條，可選擇較老化枝條者先修剪。

密集而交錯

4 須短截或剪除繼續向下伸長發育的下垂枝。

5 過於密集而交錯的藤蔓，應注意疏刪修剪。

6 網目中的枝葉以分布平均為主要考量。

AFTER

7 將藤蔓誘引至適當的棚架網目中，並且以布繩綁紮固定。

8 棚架上的錦屏藤有長氣生鬚根，可以保留不要修剪。

9 整體修剪作業完成。

草本花卉類　地被類　觀葉類　灌木類　喬木類　棕櫚類　竹類　**蔓藤類**　其他類　造型類

351

05 多花紫藤　落葉後可將細小枝剪除，平時加強修剪徒長枝

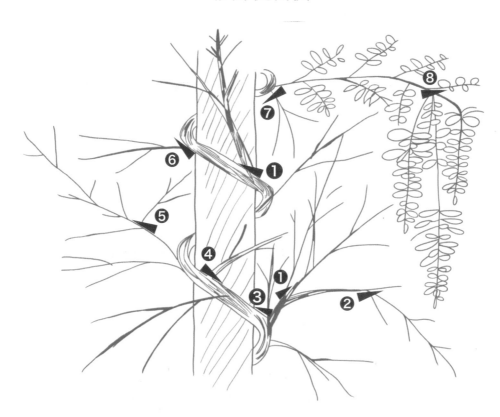

1 剪除有徒長現象的直立枝
2 過於細小下垂枝剪除
3 叉生小枝剪除
4 剪除反向纏繞的分枝
5 忌生枝剪除
6 平行枝剪除
7 下垂枝剪除
8 開花後可於節上剪除

1 修剪前現況發現：分枝繁多
紊亂、無攀爬棚架。

2 先搭設簡易攀爬棚架。

3 自主幹基部進行修剪前的檢
視。

4 先鋸除枯乾枝部位。

5 幹基部的徒長枝亦須鋸除。

6 鋸除時可以平行枝序方向下
刀作業上較便利。

7 陰生枝以剪定鋏進行剪除。

8 徒長枝亦須剪除。

9 過於開張的老枝若遇有徒長
枝時，應留存較靠近分生處
的一枝即可。

草本花卉類　地被類　觀葉類　灌木類　喬木類　棕櫚類　竹類　**蔓藤類**　其他類　造型類

353

10 應剪除分枝角度較大的枝，僅留存角度較順直、或較壯碩的分枝。

11 更新復壯修剪時，可將老枝剪除而留存較新生枝條替代。

12 各主要分枝留存完成之後，再將主枝所分生角度較大的次主枝、分枝…等剪除。

老枝　　新枝

13 原則上須留存：枝序方向較順的、新生健壯的、枝條延伸較長的枝條。

14 整體理蔓原則為：主枝留3～5枝、每分枝要順而長。

15 修剪完成後，可以棉麻布繩來進行蔓藤的誘引固定綁紮。

左旋性

16 多花紫藤的蔓藤生長具有左旋性，因此需將蔓藤順著棚架左側纏繞固定。

17 整體蔓藤修剪及誘引固定作業完成情況。

AFTER

18 未來每個月應將延伸生長的蔓藤一一左旋誘引並固定之。

其他類──修剪要領

/**性狀分類**/其他類

/**定義**/

此將植物性狀或形態表現較難以歸類者，歸納為本類項。

/**修剪要領**/

1、於新芽萌生時再將老化莖葉剪除

2、適時將老葉及老株剪除以利更新

3、具樹狀外觀者可仿照喬木般修剪

植栽應用分類	綜合類

/**強剪適期判斷通則**/

「生長旺季」萌芽期間內得「強剪」

/**強剪適期之建議季節期間**/

夏秋季間：端午至中秋期間

/**例舉常見植物**/

山蘇花、捲葉山蘇花、鹿角蕨、兔腳蕨、崖薑蕨、臺灣金狗毛蕨、觀音座蓮蕨、大金星蕨、菲律賓金狗毛蕨、粗齒革葉紫蕨、東方狗脊蕨、台灣圓腺蕨、台灣桫欏、筆筒樹。玉羊齒、波斯頓腎蕨、鳳尾蕨、鱗蓋鳳尾蕨、傅氏鳳尾蕨、斑葉鳳尾蕨、星蕨、小毛蕨、海岸擬茀蕨、卷柏、過山龍、栗蕨、粗毛鱗蓋蕨、南海鱗毛蕨、鐵線蕨、扇葉鐵線蕨、長葉蕨、烏毛蕨、翅柄三叉蕨、海南實蕨、過溝菜蕨、石葦類、海金沙、富貴蕨、芒萁、木賊、大木賊、頂芽新月蕨。

植栽應用分類	蕨類

/**強剪適期判斷通則**/

「生長旺季」萌芽期間內得「強剪」

/**強剪適期之建議季節期間**/

夏秋季間：端午至中秋期間

/**例舉常見植物**/

象腳王蘭、露兜樹類、酒瓶蘭。萬年麻、龍舌蘭類、瓊麻、王蘭、銀道王蘭。蘇鐵類、國蘭類、東洋蘭類、西洋蘭類。

∕強剪適期判斷通則∕

「生長旺季」萌芽期間內得「強剪」

∕強剪適期之建議季節期間∕

夏秋季間：端午至中秋期間

∕例舉常見植物∕

石蓮花、景天科植物類、蘿藦科植物類、番杏科植物類、仙人掌科植物類、大戟科植物類、百合科植物類、胡椒科植物類、馬齒莧科植物類、大蘆薈、日本蘆薈。翡翠木、雞冠木、到手香類、圓葉毬蘭、心葉毬蘭。落地生根、長壽花類、大葉景天、螃蟹蘭、樹馬齒莧。綠珊瑚、沙漠玫瑰、麒麟花、霸王鞭、彩雲閣、蜈蚣蘭、火龍果類。

∕維護管理作業年曆∕

植栽應用類	1	2	3	4	5	6	7	8	9	10	11	12
蕨類	□	□	□	□	□	■▲●	□	□	□	□	□	□
綜合類	□	□	國蘭 ■▲●	□	洋蘭 ■▲●	□	□	□	□	□	□	□
多肉類	□	□	□	□	□	□	■▲●	□	□	□	□	□

1、表示當月需要作業的項目，□弱剪、■強剪、△支架檢查固定、▲基盤改善作業。
2、表示肥料●。

01 玉羊齒

遇有枯黃或枯乾或破損或老化的不良葉片
須自葉鞘基部剪除

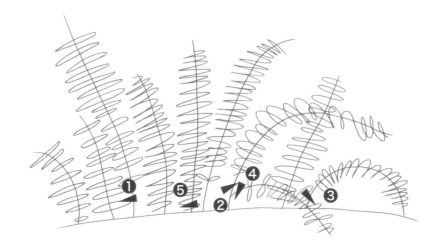

1 剪除老葉

2 剪除彎曲生長葉片

3 剪除枯乾葉片

4 剪除枯黃葉片

5 剪除過於密集生長的莖葉

草本花卉類 | 地被類 | 觀葉類 | 灌木類 | 喬木類 | 棕櫚類 | 竹 類 | 蔓藤類 | 其他類 | 造型類

1 修剪作業前現況：老葉枯乾掉落、枯乾葉柄顯著。

2 以手摘除或用剪定鋏剪除枯乾老葉及葉柄，並清除其間的落葉雜物。

3 老化或破損的不良葉片亦須自葉鞘基部剪除。

4 末端破損的葉子亦可自正常部位的高度剪除。

5 整體修剪完成情況。

02 山蘇花 遇有枯黃或枯乾的葉即可以剪定鋏
自基部剪除

1 2 3 4
剪順剪順順
除著除著著
枯葉破葉葉
乾形損部形
葉修嚴形修
片剪重狀剪
　破的修破
　損葉剪損
　葉片葉葉
　緣　尖緣
　　　枯
　　　黃
　　　部
　　　位

1 修剪作業前情況。

2 先以手摘除枯乾老葉，並清除落葉枯枝等雜物。

3 枯乾老葉的葉柄可以剪定鋏自基部剪除。

4 老化的黃葉必須自葉鞘基部剪除。

5 遇有破損嚴重的葉子，可以完全將其剪除。

6 摘葉修剪的原則皆自基部貼切剪除。

7 接著應檢視每一片葉部的形狀是否良好、並順著葉形進行修葉。

8 修葉完成情況。

9 整體修剪完成情況。

草本花卉類｜地被類｜觀葉類｜灌木類｜高木類｜棕櫚類｜竹類｜蔓藤類｜**其他類**｜造型類

03 象腳王蘭　下垂至葉鞘分生水平線以下的枯黃老葉，皆需剪除

1 各種自葉鞘分生處設水平修剪假想範圍線

2 各分程的葉片若低於範圍線下的即可剪除

3 弱小新生分枝可剪除亦可保留培育

4 老化分程亦可評估剪除以利全株造型優美

5 遇有開花後枝可以剪除

1 修剪前發現：葉片密生、
枝葉下垂。

2 由下而上，先將枯乾黃葉柄
一一拔除。

3 自葉片分生處設定一水平
「修剪假想範圍線」，剪除
過於低垂的老葉。

4 凡有葉片殘缺不完整、或枯
黃、或有病蟲害的，可緊貼
剪除葉鞘部位。

5 分生不協調、過於緊密的莖
幹亦可鋸除。

6 遇有斷折的葉片，須緊貼莖
幹部位以 45 度角向上斜切
剪除。

7 正確的葉片剪除後會略呈 V
字形狀。

8 修葉應順其芽型自一側修葉
完成後，再做另一側。

9 整體修剪完成情況。

草本花卉類　地被類　觀葉類　灌木類　喬木類　棕櫚類　竹　類　蔓藤類　**其他類**　造型類

04 萬年麻

殘缺不完整或枯黃的葉片邊緣或葉尖不平順者，可順著葉片形狀進行修葉

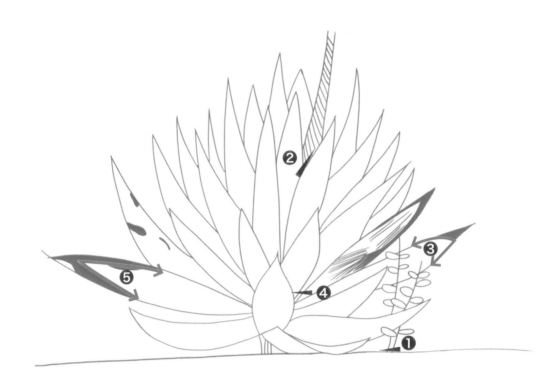

1 植株周邊雜草清除
2 開花後枝可剪除
3 葉尖可修葉
4 受損嚴重葉片可以完全剪除
5 葉尖葉緣受損葉片可順葉形修葉

1 修剪作業前情況。

2 先將葉片下方雜草拔除，以利作業。

3 以手拔除全株下部枯乾老葉。

4 以切枝鋸將較大枯黃老葉自葉鞘部位貼切去除。

5 開花後的粗大花莖，可以修枝鋸鋸除。

6 殘缺不完整、枯黃葉片邊緣，或葉尖不平順者可順著葉片形狀進行修葉。

7 修葉完成情況。

8 整體修剪完成情況。

草本花卉類　地被類　觀葉類　灌木類　高木類　棕櫚類　竹類　蔓藤類

其他類

造型類

05 蘇鐵　每年頂端新芽發育至 15 ～ 20.CM 高度時可將老葉全部剪除

3 2 1

不可留存葉柄部位

修剪葉片時應貼齊莖幹頭部貼剪，

將低於範圍線下的葉片剪除

自葉鞘分生處設一修剪假想範圍線

1 修剪前發現：枝葉略下垂、葉柄多而未剪除。

2 葉簇間嚴重罹患白粉介殼蟲。

3 先由下而上，將枯乾葉柄耐心的一一貼切剪除。

4 葉片末梢下垂若低於水平的「修剪假想範圍線」時，須緊貼幹部剪除葉片。

5 整體修剪完成之情況。

06 石蓮花 分生密集的短匐莖或旁蘗株可以進行分株繁殖或剪除

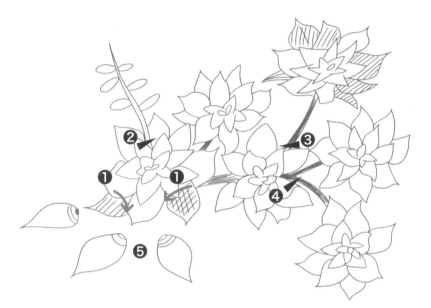

1 剪除枯黃葉片
2 剪除開花後枝
3 剪除老化莖葉
4 剪除下垂莖葉
5 肥厚葉片可供扦插繁殖之用

BEFORE

1 修剪作業前看見：老化黃化的開花枝及枯乾葉。

2 自基部先剪除開花後花梗。

AFTER

三週後

3 須剪除過於擴張密集生長的枝葉。

4 整體修剪作業完成。

5 三週後枝葉生長良好情況。

07 翡翠木 應避免樹冠內部密集生長可依照「12 不良枝判定法」修剪

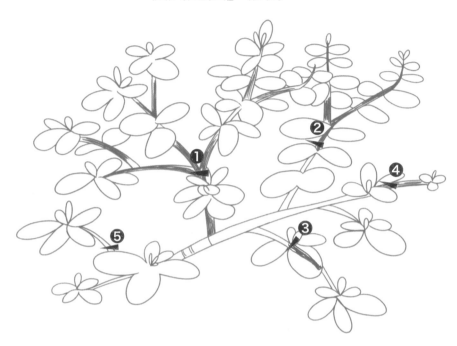

1 老化莖葉可短截修剪更新復壯
2 修剪應於節上平剪
3 剪除下垂莖葉
4 細小側芽可剪除
5 適度短截過於分生的莖葉有利於莖葉分生密集

1 修剪作業前看見：枝葉過於密集生長。

2 自分枝處下方短截修剪。

3 短截修剪後之傷口應低於樹冠葉部才能維持美觀。

4 過於伸長之枝葉可於節上短截修剪。

5 左側樹冠短截（降低高度）修剪完成後，右側須繼續短截修剪。

6 整體修剪作業完成。

7 三週後枝葉生長良好情況。

8 可以看到：原修剪傷口已癒合、新芽也萌出。

草本花卉類　地被類　觀葉類　灌木類　喬木類　棕櫚類　竹類　蔓藤類

其他類

造型類

08 落地生根　平時將老葉、黃葉、枯乾葉，適時摘除修剪

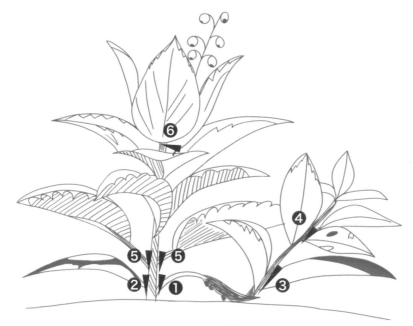

1 枯乾葉片可剪除
2 黃化葉片可剪除
3 受損嚴重葉片可剪除
4 病蟲害葉片可剪除
5 夏季可將基部老葉剪除
6 開花後枝可剪除，以利萌發新芽

1 修剪作業前：老化黃化及枯乾葉較多。

2 自葉柄部位剪除老化黃化及枯乾葉。

3 亦可以手摘除老化黃化及枯乾葉。

4 整體修剪作業完成。

5 三週後枝葉生長良好情況。

09 綠珊瑚

應在晴天氣候下，依「12 不良枝判定法」修剪

草本花卉類｜地被類｜觀葉類｜灌木類｜喬木類｜棕櫚類｜竹　類｜蔓藤類

其他類 造型類

1　可依據喬木十二不良枝判定修剪
2　徒長枝剪除
3　下垂枝剪除
4　幹頭枝剪除
5　平行枝剪除
6　分蘗枝剪除

1 修剪作業前看見：樹冠上部枝葉（實際上是綠珊瑚的變態葉柄）密集且偏左生長。

2 可視為「喬木」以「十二不良枝判定法」先剪除主幹上的幹頭枝。

3 亦可剪除主幹上新生的細長小枝。

4 徒長枝可自分枝處鋸除。

5 各分枝上的徒長枝須剪除。

6 可於分枝處下方短截修剪。

7 樹冠內部的忌生枝亦須剪除。

8 各主幹與主枝上的枯乾幹頭枝必須貼切剪除。

9 逐步檢視：仍有徒長枝及受到外力傷害的枝。

10 再將徒長枝剪除。

11 受到外力傷害的枝，可自其下方的枝上短截修剪。

12 頂梢過於突出時，須於枝葉密集處的下方選擇節的上方剪除。

13 轉折處鋸除過於彎曲不順的枝幹，讓其呈現平順。

14 鋸除完成後的情況。

15 可於該葉簇下方予以短截修剪，以維持整體末梢的疏密度一致。

16 整體修剪作業完成。

PS 因其乳汁含有劇毒，需注意修剪時勿傷及眼睛與皮膚。

草本花卉類　地被類　觀葉類　灌木類　喬木類　棕櫚類　竹類　蔓藤類　**其他類**　造型類

造型類──修剪要領

/**性狀分類**/造型類

/**定義**/

其主要是以喬木類及灌木類植栽，藉由修剪的技藝改變其生長造型，藉以增進觀賞價值與美感的作業者。

/**修剪要領**/

1、平時維護於葉鞘分生處設水平線「弱剪」

2、移植時得於葉鞘分生處設 45 度線「強剪」

3、應依每次平均萌芽長度進行「弱剪」

4、花季後應剪除花後枝、結果枝及徒長枝葉

5、方型綠籬或花叢的邊角宜修成倒圓角狀

植栽應用分類	常見類型

/**強剪適期判斷通則**/

1、落葉性（針葉及闊葉）植物：宜擇「休眠期間」得「強剪」。

2、常綠性（針葉）植物：宜擇「休眠期間」僅能弱剪、且不能「強剪」。

3、常綠性（闊葉）植物：宜擇「生長旺季」萌芽期間 (有長短期間之分) 得「強剪」。

/**強剪適期之建議季節期間**/

1、冬季低溫期：春節前後至早春萌芽前

2、冬季低溫期：春節前後至早春萌芽前

3、春夏秋季間：清明至中秋期間

/**例舉常見植物**/

適合「層型」造型修剪：榕樹類、龍柏、蘭嶼羅漢松、九重葛類。

適合「錐型」造型修剪：垂榕、龍柏、蘭嶼羅漢松、九重葛類、小葉厚殼樹、胡椒木、黃葉金露花、象牙樹、長紅木、楓港柿。

適合「球型」造型修剪：中國香柏、龍柏、矮仙丹、厚葉女貞、日本小葉女貞、銀姬小臘、黃葉金露花、蕾絲金露花、蒂牡花、月橘、杜鵑類、榔榆、小葉厚殼樹、胡椒木、長紅木。

適合「綠籬」造型修剪：黃金榕、黃葉金露花、金露花、厚葉女貞、日本小葉女貞、月橘、銀木麻黃、大紅花、大花扶桑、仙丹花類、鳳凰竹、紅鳳凰竹、蓬萊竹。

/維護管理作業年曆/

植栽 應用類	1	2	3	4	5	6	7	8	9	10	11	12
常見類型	□	□	依品種 ■△ ▲●	□	□△	□	□	□	□	□△	□	□

1、表示當月需要作業的項目，□弱剪、■強剪、△支架檢查固定、▲基盤改善作業。
2、表示肥料●。

造型類修剪

造型類植栽修剪，其主要是以喬木類及灌木類植栽，透過修剪的技術使其呈現獨特的造型，藉以增進觀賞價值與整體植栽美感。

喬木的造型修剪重點：若是利用喬木類植栽作為造型修剪的植栽材料時，仍然可以視作灌木類植栽一般的進行修剪作業；並且可自行視植栽的外觀條件，予以設定「修剪假想範圍線」，施以創意「造型」的修剪，並且可遵從灌木類植栽修剪的要領來修剪。

在平時維護管理進行修剪時，則應依各種植栽種類的「每次平均萌芽長度」作為判斷基準，再進行其每次平均萌芽長度內的弱剪，或是以每次平均萌芽長度較多的強剪；因此每次平均萌芽長度的判定是決定修剪強弱程度的主要關鍵。

開花植物的造型修剪重點：若植栽是屬於開花植物，則可等待其開花之後，再將其「花後枝」或「徒長枝」剪除，如此才可以避免養分的消耗過據。

方型的造型修剪重點：方型的造型修剪經常作為綠籬造型之利用，因此其方型或綠籬造型的邊角形狀最好修剪成「倒圓角」為宜，因為倒圓角較直角的邊緣能增加更多的日照量，對於植栽而言較為健康，也能促使植栽生長良好、甚至開花結果品質較佳。

參考強剪適期造型修剪：由於可以用來作為造型的植栽種類繁多，喬木類、灌木類、甚至蔓藤類者皆有之，因此其修剪時應配合各個品種的特性，適時進行造型修剪；在判斷「強剪適期」時，大略可以依據下列原則：

1.落葉性各類植栽：宜選擇在冬季落葉後至萌芽前的「休眠期間」進行修剪。

2.針葉常綠性植栽：宜選擇冬季寒流後至早春低溫時期的「休眠期間」進行。

3.闊葉常綠性植栽：應選擇植栽末梢正在不斷萌芽的「生長旺季」期間進行。

01 龍柏　若頂端優勢衰弱且各主枝間隙明顯時即可判定
修剪成「層型」

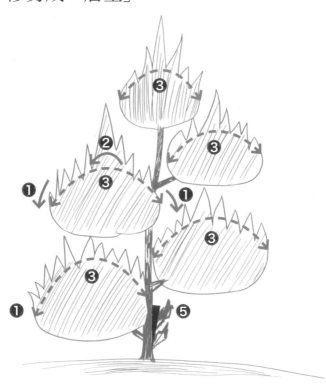

1 各分枝設「圓頂狀」修剪假想範圍線

2 各分枝層超過範圍線的頂芽可剪除

3 應注重各分枝圓頂造型之整齊性

4 分層應保持上方輕盈下方穩重之原則

5 幹上分蘖枝芽可即早剪除

本案例運用　補償修剪／修飾修剪／**疏刪修剪　短截修剪**／生理修剪／**造型修剪**／更新復壯修剪／結構性修剪

1 修剪作業前發現：頂端優勢衰弱、各主枝間隙明顯可見，預定修剪成「層型」。

2 自主幹下方由下而上將各分生主枝的枝葉修剪成「圓頂狀」。

3 修剪弧度時，可將修枝剪反握修剪。

4 修剪下刀應於葉片之間切勿於枝條中央剪除而留有裸枝。

5 只要枝條末梢有些許葉片時，該枝條便不會乾枯到枝條分生處。

6 逐一由下而上作「層型」造型修剪。

7 接著剪除主幹上的分蘗枝、枯乾枝、細小無用的枝。

8 末層頂梢尤應注重「圓頂」的修剪平整性。

9 整體造型修剪為「層形」作業完成。

02 黃金榕 萌芽性強極耐修剪，仍應避免於冬季進行強剪

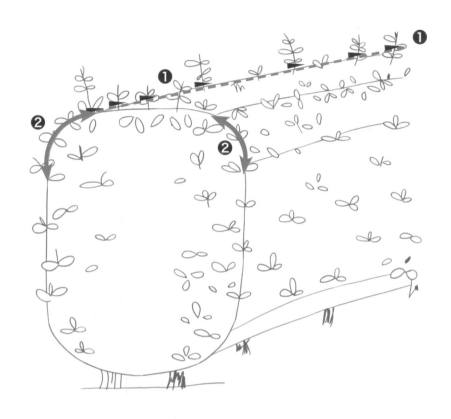

1 綠籬兩邊角宜以「倒圓角」方式修剪

2 依理想自設「修剪假想範圍線」修剪

本案例運用 補償修剪／修飾修剪／疏刪修剪／**短截修剪**／生理修剪／**造型修剪**／更新復壯修剪／結構性修剪

BEFORE

1 修剪作業前，先判斷其造型的「修剪假想範圍線」。

2 以修枝剪由下而上，剪除超過「修剪假想範圍線」以外的枝葉。

倒圓角

3 邊角位置宜以「倒圓角」方式修剪以增加日照量。

4 較粗大枝條可換成剪定鋏或切枝鋸進行修剪。

5 修剪上緣有弧度的位置時，可反握修枝剪的方式修剪。

倒圓角

6 上緣有弧度的位置修剪完成情況。

AFTER

7 整體修剪作業完成情況。

三週後

8 三週後，生長茂密、葉色顯著恢復成黃金色般。

草本花卉類　地被類　觀葉類　灌木類　喬木類　棕櫚類　竹類　蔓藤類　其他類

造型類

03 垂榕　自行設定「修剪假想範圍線」依序修剪造型

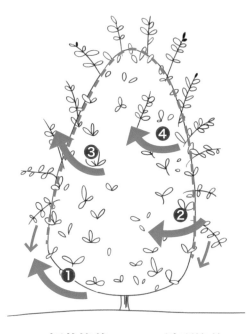

1 2 3
設一圓錐型的「修剪假想範圍線」

可以順時針或逆時針方向由下而上環

依範圍線修剪造型

本案例運用
補償修剪／修飾修剪／疏刪修剪／**短截修剪**／生理修剪／**造型修剪**／更新復壯修剪／結構性修剪

BEFORE

1 修剪作業前先判斷其造型的「修剪假想範圍線」。

2 樹冠上有藤蔓糾纏生長、應加以拔掉清除。

3 主幹上的粗大不良枝的分蘗枝，可以鋸除。

4 以修枝剪由下而上，順時針方向繞行將超過「修剪假想範圍線」以外的枝葉剪除。

AFTER

5 整體修剪作業完成情況。

04 圓柏（龍柏造型修剪者）
可將超過「修剪假想範圍線」以外的枝葉剪除

1 設一圓錐型的「修剪假想範圍線」

2 可以順時針或逆時針方向由下而上環

3 依範圍線修剪造型

草本花卉類／地被類／觀葉類／灌木類／喬木類／棕櫚類／竹類／蔓藤類／其他類

造型類

本案例運用 補償修剪／修飾修剪／疏刪修剪／**短截修剪**／生理修剪／**造型修剪**／更新復壯修剪／結構性修剪

BEFORE

1 修剪作業前先判斷其造型的「修剪假想範圍線」。

2 用修枝剪剪除超過「修剪假想範圍線」以外的枝葉。

AFTER

3 修剪時若遇有多株列植時，可先修剪一株決定其樹冠高度標準。

4 再繼續做細部修剪造型，平順後即可作業完成。

05 黃葉金露花 每月弱剪造型可修除「每次平均萌芽長度」

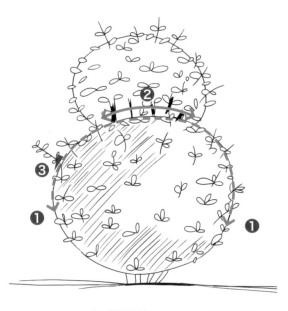

1 2 3
設一圓球型的「修剪假想範圍線」
剪除超過範圍線的枝葉部位
徒長枝應即時剪除

本案例運用　補償修剪／修飾修剪／疏刪修剪／**短截修剪**／生理修剪／**造型修剪**／更新復壯修剪／結構性修剪

1 先依生長狀況判斷其造型並設定「修剪假想範圍線」。

2 較粗大枝條可用切枝鋸加以鋸除。

3 粗大枝條亦可以剪定鋏進行剪除。

4 樹冠上緣枝葉可以修枝剪進行修剪。

5 圓球型造型修剪完成情況，須等待其頂端萌芽後可再做進一步的細部修剪造型。

06 櫸榆 善用十二不良枝判定修剪並將幹上好發分蘗枝剪除

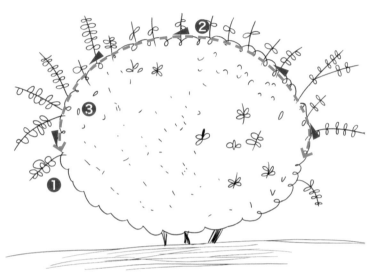

草本花卉類　地被類　觀葉類　灌木類　喬木類　棕櫚類　竹　類　蔓藤類　其他類

PS

可以順時針或逆時針方向由下而上環繞修剪

1 設一圓球型的「修剪假想範圍線」

2 依範圍線修剪造型

3 內部枯乾枝宜即時剪除

本案例運用　補償修剪／修飾修剪／**疏删修剪**／**短截修剪**／生理修剪／**造型修剪**／更新復壯修剪／結構性修剪

BEFORE

1 修剪作業前，先依目前狀況判斷「修剪假想範圍線」的位置。

2 其地面處之分蘗枝生長較密集，可以剪定鋏進行剪除。

AFTER

3 樹冠內部枝條以十二不良枝的判定原則進行剪定。

4 再依照修剪假想範圍線以修枝剪進行造型修剪。

5 整體修剪作業完成情況。

造型類

07 鳳凰竹　清明節前後一個月內可進行強剪造型

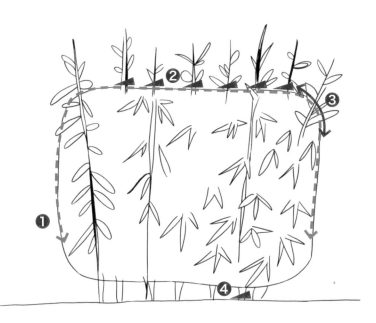

1 2 3 4
自設一理想造型的「修剪假想範圍線」
依範圍線修剪造型
籬造型之邊角宜成「倒圓角」的方式修剪
老化的竹稈宜於清明前後修除以利更新復壯

本案例
運用
補償修剪／修飾修剪／疏刪修剪／**短截修剪**／生理修剪／**造型修剪**／更新復壯修剪／結構性修剪

1 修剪作業前：枝葉生長茂密頂芽生長凌亂現況。

2 以修枝剪於「修剪假想範圍線」上進行修剪。

3 方塊造型修剪完成情況。

善用自然式修剪，讓花木更健康！景觀更漂亮！

花木修剪實用全書 2020年全新增訂版

友善環境的自然式修剪實務操作寶典

作　　者　李碧峰
社　　長　張淑貞
總 編 輯　許貝羚
美術設計　關雅云
行銷企劃　蔡瑜珊

發 行 人　何飛鵬
事業群總經理　李淑霞
出　　版　城邦文化事業股份有限公司　麥浩斯出版
地　　址　104台北市民生東路二段141號8樓
電　　話　02-2500-7578
傳　　真　02-2500-1915
購書專線　0800-020-299

發　　行　英屬蓋曼群島商家庭傳媒股份有限公司城邦分公司
地　　址　104台北市民生東路二段141號2樓
電　　話　02-2500-0888
讀者服務電話　0800-020-299（9:30AM~12:00PM；01:30PM~05:00PM）
讀者服務傳真　02-2517-0999
讀這服務信箱　csc@cite.com.tw
劃撥帳號　19833516
戶　　名　英屬蓋曼群島商家庭傳媒股份有限公司城邦分公司
香港發行　城邦〈香港〉出版集團有限公司
地　　址　香港灣仔駱克道193號東超商業中心1樓
電　　話　852-2508-6231
傳　　真　852-2578-9337
Email　hkcite@biznetvigator.com
馬新發行　城邦〈馬新〉出版集團Cite(M) Sdn Bhd
地　　址　41, Jalan Radin Anum, Bandar Baru Sri Petaling,57000 Kuala Lumpur, Malaysia.
電　　話　603-9057-8822
傳　　真　603-9057-6622

製版印刷 凱林印刷事業股份有限公司
總經銷 聯合發行股份有限公司
地　　址　新北市新店區寶橋路235巷6弄6號2樓
電　　話　02-2917-8022
傳　　真　02-2915-6275
版　　次　3 版 4 刷 2023年9月
定　　價　新台幣600元／港幣200元

花木修剪實用全書 / 李碧峰著. -- 初版. -- 臺北
市：麥浩斯出版：家庭傳媒城邦分公司發行,
2020.07 面；公分
ISBN 978-986-408-612-2(平裝)
1.園藝 2.種樹
435.4　　　　　　　　　　109008282